浙江省高职院校"十四五"重点教材

数字电子技术
项目化教程

杨悦梅◎主编

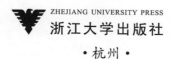

ZHEJIANG UNIVERSITY PRESS
浙江大学出版社
·杭州·

图书在版编目(CIP)数据

数字电子技术项目化教程 / 杨悦梅主编. — 杭州：
浙江大学出版社，2023.9
ISBN 978-7-308-24184-7

Ⅰ. ①数… Ⅱ. ①杨… Ⅲ. ①数字电路—电子技术—
教材 Ⅳ. ①TN79

中国国家版本馆 CIP 数据核字(2023)第 170099 号

数字电子技术项目化教程
SHUZI DIANZI JISHU XIANGMUHUA JIAOCHENG

杨悦梅　主编

责任编辑	王　波	
责任校对	吴昌雷	
封面设计	雷建军	
出版发行	浙江大学出版社	
	（杭州市天目山路 148 号　邮政编码 310007）	
	（网址：http://www.zjupress.com）	
排　　版	杭州晨特广告有限公司	
印　　刷	杭州宏雅印刷有限公司	
开　　本	787mm×1092mm　1/16	
印　　张	14.75	
字　　数	340 千	
版 印 次	2023 年 9 月第 1 版　2023 年 9 月第 1 次印刷	
书　　号	ISBN 978-7-308-24184-7	
定　　价	48.00 元	

版权所有　侵权必究　印装差错　负责调换

浙江大学出版社市场运营中心联系方式：0571－88925591；http://zjdxcbs.tmall.com

前　言

　　党的二十大报告指出"教育、科技、人才是全面建设社会主义现代化国家的基础性、战略性支撑"，对加快建设教育强国、科技强国、人才强国作出全面而系统的部署。信息技术的飞速发展带来教学方式的信息化变革，"互联网＋教学"改革方兴未艾，"三教改革"的浪潮正涌，新形态教材应运而生。《职业教育提质培优行动计划》提出，根据职业学校学生特点创新教材形态，推行科学严谨、深入浅出、图文并茂、形式多样的活页式、工作手册式、融媒体教材。新形态教材是利用"互联网＋教学"改变传统课堂的配套资源，新形态教材可以利用信息技术手段嵌入小视频、图文资料、作业讲解等，使学习者获得更多更好的学习资源，可以满足授课教师课前、课中、课后的教学安排，使课堂教学更加有效，提升学生的学习效果。

　　本教材紧跟信息技术和先进制造业的发展，适应"互联网＋教学"选择项目模块，教学内容兼顾传统知识和行业企业新技术、新工艺、新应用，通过对一系列具有生活趣味和实际应用的实用电子产品项目的设计、仿真、安装与调试，以完成工作任务为主线，链接相应的理论知识和技能实训模块，融合1＋X证书"集成电路开发与测试"部分职业技能要求，提供部分企业案例，融教、学、做为一体。本教材配有课前任务单、知识点微课视频链接、拓展资源链接等，通过扫二维码可以轻松获取学习资源，提升教材信息化程度，便于教师课前、课中和课后的教学安排，也便于提升学生自主学习能力，为学生提供个性化学习的时间和空间。

　　本教材的主要内容包括6个项目模块：举重裁判电路的设计与制作、优先数显电路的设计与制作、四人抢答器电路的设计与制作、计数器电路的设计与制作、变音门铃电路的设计与制作、模数转换及可编程逻辑器件。另附有3个综合实训项目：多路循环彩灯控制电路的设计与制作，触摸式防盗报警电路的设计与制作、随机数显电路的设计与制作。本课程采用项目化教学，授课采用"理论教学＋虚拟仿真＋操作实践"的方式，可实现线上线下混合式教学。在课程结束前安排一周集中实训，集中完成教材附录的3个综合实训项目，通过项目实战，全面提升学生对电子产品的设计、安装和调试能力。

　　本教材由杭州科技职业技术学院杨悦梅担任主编，安婷婷、王科明、穆元彬、刘威共同参与编写。编写分工如下:项目1由安婷婷编写,项目2由王科明编写,项目3由穆元彬编写,项目4由刘威编写,项目5由杨悦梅编写,项目6由刘威编写,实训项目由安婷婷、杨悦梅编写。全书由杨悦梅统稿。由于编者水平和精力有限,教材中难免有不妥或错误之处,恳请专家、读者批评指正。

数字电子技术导课

CONTENTS 目录

项目 1 举重裁判电路的设计与制作

项目 4　计数器电路的设计与制作

附录　实训项目

项目1 举重裁判电路的设计与制作

⏱ 项目介绍

举重裁判电路是典型的组合逻辑电路,用三个输入信号表示三位裁判的组合情况,其输出结果与输入中的多数情况一致。本项目通过举重裁判电路的设计,帮助学生掌握数字电路中的逻辑关系、逻辑运算和门电路的电气特性,并学会简单数字电路的设计与功能验证,为实际应用门电路相关器件打下必要的基础。

门电路是能够实现某一逻辑功能的电路,是数字电路的基本单元。按照逻辑功能,门电路可分为与门、或门、非门、与非门、或非门、与或非门、异或门和同或门等。根据电路中使用的半导体器件不同,门电路又可以分为 TTL 门电路和 CMOS 门电路。本项目介绍了数字电路中常用的数制与码制,逻辑函数,逻辑门电路的电路结构、工作原理、逻辑功能和外部特性,以及 TTL 和 CMOS 电路的使用方法等。

⏱ 项目要求

在理解各种逻辑关系、掌握门电路的逻辑功能和外部特性的基础上,应用相关集成门电路完成举重裁判电路的设计与制作。

⏱ 项目目标

- 熟悉逻辑函数的表示方法与化简方法;
- 理解晶体管的开关特性;
- 了解 TTL 门电路的内部结构和工作原理;
- 掌握 TTL 门电路的基本使用方法;
- 了解 TTL 电路和 CMOS 电路的接口;
- 掌握逻辑门电路的应用。

数制与码制
的概念

专题 1 数制与码制

▷ **专题要求**

作为数字电路的基础,数制与码制的概念在整个数字系统中起着非常重要的作用,要学会在实际应用中运用数制与码制。

▷ **专题目标**

- 了解数的进制概念,掌握二进制、八进制、十六进制、十进制的表示方法;
- 掌握二进制与十进制、八进制、十六进制的相互转换;
- 了解码制的概念,掌握几种常见的码制表示方法,并能熟练运用。

在日常生活中,人们习惯用十进制,而数字系统中多采用二进制,但二进制有时表示起来不太方便,位数太多,所以也经常采用十六进制和八进制。本专题介绍几种常见的数制表示方法、相互间的转换法和几种常见的码制。

我们先来看几个跟数制有关的概念。

进位制:人们在计数时,仅用一位数往往不够用,必须用多位数进行计数。多位数从低位到高位的进位规则称为进位计数制,简称进位制,也称进制,是人们规定的一种带进位的计数方法。任何一个数可以用不同的进位制来表示。

基数:某进位制的基数,就是在该进位制中用到的数码的个数。

位权:在某一进位计数制的数中,每一位数的大小都对应着该位上的数码乘以一个固定值,这个固定值就是这一位的权。权是基数的幂。

1.1.1 数制

1. 十进制(Decimal)

十进制是日常生活中最常见的进位计数制,共有 $0\sim9$ 十个数码,基数是 10,它的进位规则是"逢十进一、借一当十",各位的权是 10 的幂。十进制的按权展开式,如 123.04 可以写成:

$$(123.04)_{10} = 1 \times 10^2 + 2 \times 10^1 + 3 \times 10^0 + 0 \times 10^{-1} + 4 \times 10^{-2}$$

式中,10^2、10^1、10^0 分别为百位、十位和个位的权,10^{-1}、10^{-2} 分别为小数点后十分位、百分位的权,以此类推,它们都是基数 10 的幂。每位对应的数是该位的数码,数的值等于各位的数码与权的乘积之和,如上式中的 123.04 这个数就是由每位数的数码,即 1、2、3、0、4 与对应位的权 10^2、10^1、10^0、10^{-1}、10^{-2} 的乘积之和。任意一个十进制数 $(N)_{10}$ 可以写成:

$$(N)_{10} = \sum k_i \times 10^i$$

式中，k_i 称为第 i 位的数码，$(N)_{10}$ 中下标 10 表示 N 是十进制数，也可以用字母 D 来表示，例如 $(32)_{10} = (32)_D$。

2. 二进制（Binary）

二进制

二进制是数字电路中最广泛使用的进位计数制，共有 0 和 1 两个数码，基数是 2，它的进位规则是"逢二进一、借一当二"，各位的权是 2 的幂。二进制的按权展开式，如 101.01 可以写成：

$$(101.01)_2 = 1 \times 2^2 + 0 \times 2^1 + 1 \times 2^0 + 0 \times 2^{-1} + 1 \times 2^{-2}$$

式中，1、0、1、0、1 为各位的数码，2^2、2^1、2^0、2^{-1}、2^{-2} 分别为各位的权，它们都是基数 2 的幂。任意一个二进制数 $(N)_2$ 可以写成：

$$(N)_2 = \sum k_i \times 2^i$$

式中，下标 2 表示 N 是二进制数，也可以用字母 B 来表示，例如 $(110)_2 = (110)_B$。

3. 八进制（Octal）

十进制与
八进制

八进制共有 0～7 八个数码，基数是 8，它的进位规则是"逢八进一、借一当八"，各位的权是 8 的幂。八进制的按权展开式，如 305.06 可以写成：

$$(305.06)_8 = 3 \times 8^2 + 0 \times 8^1 + 5 \times 8^0 + 0 \times 8^{-1} + 6 \times 8^{-2}$$

式中，3、0、5、0、6 为各位的数码，8^2、8^1、8^0、8^{-1}、8^{-2} 分别为各位的权，它们都是基数 8 的幂。任意一个八进制数 $(N)_8$ 可以写成：

$$(N)_8 = \sum k_i \times 8^i$$

式中，下标 8 表示 N 是八进制数，也可以用字母 O 来表示，例如 $(37)_8 = (37)_O$。

4. 十六进制（Hexadecimal）

十六进制

十六进制共有 0～9，A、B、C、D、E、F 十六个数码，基数是 16，它的进位规则是"逢十六进一、借一当十六"，各位的权是 16 的幂。十六进制的按权展开式，如 5FC.08 可以写成：

$$(5FC.08)_8 = 5 \times 16^2 + F \times 16^1 + C \times 16^0 + 0 \times 16^{-1} + 8 \times 16^{-2}$$

式中，5、F、C、0、8 为各位的数码，16^2、16^1、16^0、16^{-1}、16^{-2} 分别为各位的权，它们都是基数 16 的幂。任意一个十六进制数 $(N)_{16}$ 可以写成：

$$(N)_{16} = \sum k_i \times 16^i$$

式中，下标 16 也可以用字母 H 来表示，例如 $(1B)_{16} = (1B)_H$。

5. 任意进制转换成十进制

写出二进制、八进制、十六进制按权展开式，数码与权的乘积称为加权系数。各位加权系数之和便为对应的十进制数。例如

$$(1011.01)_2 = 1 \times 2^3 + 0 \times 2^2 + 1 \times 2^1 + 1 \times 2^0 + 0 \times 2^{-1} + 1 \times 2^{-2} = (11.75)_{10}$$

$$(256.02)_8 = 2 \times 8^2 + 5 \times 8^1 + 6 \times 8^0 + 0 \times 8^{-1} + 2 \times 8^{-2} = (174.03125)_{10}$$
$$(D2.5)_{16} = 13 \times 16^1 + 2 \times 16^0 + 5 \times 16^{-1} = (210.3125)_{10}$$

6. 十进制转换成二进制

整数部分和小数部分转换不同,必须分别进行转换。

（1）整数部分转换（除 2 取余法）

采用基数连除法,整数部分连续除以 2,直到商为 0,先得到的余数为低位,后得到的余数为高位。可用竖式连除法表示以上转换过程。例如,将 $(25)_{10}$ 转换成二进制的竖式为

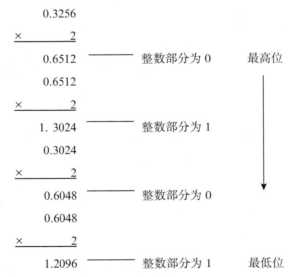

即 $(25)_{10} = (11001)_2$

这里需要注意,最先除得的余数是最低位,最后除得的余数是最高位,按照高位到低位的顺序列写出的数字便为转化后的二进制数。

（2）小数部分转换（乘 2 取整法）

采用基数连乘法,小数部分连续乘以 2,直到小数部分为 0（有些小数不能使乘 2 结果为零,可根据实际需要保留小数点位数）,先得到的整数为高位,后得到的整数为低位。每次所得的整数部分从前向后排列即为转换后的二进制数小数部分。例如,将 $(0.3256)_{10}$ 转换为二进制为

$$
\begin{array}{rll}
0.3256 & & \\
\times \quad\quad 2 & & \\
\hline
0.6512 & \text{———— 整数部分为 0} & \text{最高位} \\
0.6512 & & \\
\times \quad\quad 2 & & \\
\hline
1.3024 & \text{———— 整数部分为 1} & \\
0.3024 & & \\
\times \quad\quad 2 & & \\
\hline
0.6048 & \text{———— 整数部分为 0} & \\
0.6048 & & \\
\times \quad\quad 2 & & \\
\hline
1.2096 & \text{———— 整数部分为 1} & \text{最低位}
\end{array}
$$

此处转换保留小数点后四位,即 $(0.3256)_{10} = (0.0101)_2$。

7. 二进制与八进制、十六进制之间的转换

(1) 二进制数转换成八进制数

八进制的基数 $8=2^3$，故 3 位二进制数构成 1 位八进制数。二进制数转换成八进制数的方法是：整数部分从低位开始，按 3 位一组，不足 3 位的在前面加 0 补足；小数部分从小数点后的高位开始，按 3 位一组，最后不足三位的，则在低位加 0 补足；然后每组用对应八进制数字代替，再按原来顺序排列，小数点位置不变，即为等值的八进制数。

例如，将 $(10100.10101)_2$ 转换成八进制为

二进制数 010 100 . 101 010

$$\downarrow \quad \downarrow \qquad \downarrow \quad \downarrow$$

八进制数 2 4 . 5 2

即 $(10100.10101)_2 = (24.52)_8$

(2) 八进制数转换成二进制数

如果要将八进制数转换成二进制数，只需将每位八进制数用 3 位二进制数来代替，小数点位置不变，再按原来的顺序排列起来。

例如，将 $(21.364)_8$ 转换为二进制为

八进制数 2 1 . 3 6 4

$$\downarrow \quad \downarrow \quad \downarrow \quad \downarrow \quad \downarrow$$

二进制数 010 001 . 011 110 100

即 $(21.364)_8 = (10001.0111101)_2$，注意整数部分最高位的 0 和小数部分最低位的 0 都略去不写。

(3) 二进制数转换成十六进制数

与上述转换原理相同，十六进制的基数 $16=2^4$，故 4 位二进制数构成 1 位十六进制数。转换方法与八进制相同，不同的是按 4 位二进制数为一组，不足 4 位用 0 补足。

例如，将 $(1101010.11001)_2$ 转换成十六进制为

二进制数 0110 1010 . 1100 1000

$$\downarrow \qquad \downarrow \qquad \downarrow \qquad \downarrow$$

十六进制数 6 A . C 8

即 $(1101010.11001)_2 = (6A.C8)_{16}$

(4) 十六进制数转换成二进制数

如果要将十六进制数转换成二进制数，只需将每位十六进制数用 4 位二进制数来代替，小数点位置不变，再按原来的顺序排列起来。例如，将 $(3B.6A)_{16}$ 转换成二进制为

十六进制 3 B . 6 A

$$\downarrow \quad \downarrow \quad \downarrow \quad \downarrow$$

二进制数 0011 1011 . 0110 1010

即 $(3B.6A)_{16} = (111011.0110101)_2$。同样需要注意，整数部分最高位的 0 和小数部分最低位的 0 都略去不写。

习题

1.将下列进制数转换为十进制数。

$(1010.0101)_2$　　$(721.53)_8$　　$(8D.61)_{16}$

2.将下列二进制数分别转换为八进制数和十六进制数。

$(1101001.00111)_2$　　$(101101.01)_2$　　$(1011110.01)_2$

3.将下列十进制数分别转换为二进制数、八进制数和十六进制数(取小数点后四位)。

$(56)_{10}$　　$(361)_{10}$　　$(36.852)_{10}$　　$(123.345)_{10}$

4.将下列八进制数转换为二进制数。

$(564.325)_8$　　$(762.36)_8$　　$(1062.63)_8$

5.将下列十六进制数转换为二进制数。

$(5A.01)_{16}$　　$(B2.C3)_{16}$　　$(6D.4E)_{16}$

1.1.2　码制

数字系统中二进制数码不仅可以表示数值的大小,还可以表示特定的信息和符号。用二进制数来表示十进制数码、字母、符号等信息的方法称为"编码",用不同形式得到的编码,叫作"码制"。常用的编码有二-十进制码、格雷码和ASCII码等。

1.二-十进制码

用4位二进制数表示1位十进制数,称为二-十进制码。用4位二进制数组成一组码,可以有$2^4=16$种不同的状态组合,从中取出10种组合表示0～9十个数字,可以有多种方式,因此有多种十进制码,其中最常见的是8421BCD码,如表1-1所示。

表1-1　几种常用的十进制码

十进制数	代码种类			
	8421BCD 码	2421 码	5211 码	余3码(无权码)
0	0 0 0 0	0 0 0 0	0 0 0 0	0 0 1 1
1	0 0 0 1	0 0 0 1	0 0 0 1	0 1 0 0
2	0 0 1 0	0 0 1 0	0 1 0 0	0 1 0 1
3	0 0 1 1	0 0 1 1	0 1 0 1	0 1 1 0
4	0 1 0 0	0 1 0 0	0 1 1 1	0 1 1 1
5	0 1 0 1	1 0 1 1	1 0 0 0	1 0 0 0
6	0 1 1 0	1 1 0 0	1 0 0 1	1 0 0 1
7	0 1 1 1	1 1 0 0	1 1 0 0	1 0 1 0
8	1 0 0 0	1 1 1 0	1 1 0 1	1 0 1 1
9	1 0 0 1	1 1 1 1	1 1 1 1	1 1 0 0
权	8 4 2 1	2 4 2 1	5 2 1 1	

常用的编码分为有权码和无权码两类,有权码的每位有确定的权值,并用权值命名;无权码每位无确定的权值,不能按权展开,但有其特点和用途,如后面讲到的格雷码。

二-十进制码中最常用的是 8421BCD 码。它的编码规则是:按 4 位二进制数的自然顺序,取前 10 个数依次表示十进制的 0~9,后 6 个数不允许出现,若出现则认为是非法的或错误的。8421BCD 码是一种有权码,每位有固定的权,从高到低依次为 8、4、2、1,如:

$$(29)_{10} = (00101001)_{8421BCD}$$

8421BCD 码可以直接与十进制数进行转换,每 4 位 8421BCD 码对应 1 位十进制数,反之亦然,小数亦可转换,例如:

$$(00110111.01000101)_{8421BCD} = (37.45)_{10}$$

对于 2421 码和 5211 码来说,也是 4 位二进制数组成 1 组码,跟 8421BCD 码编码规则一样,只不过每一位的权从高位到低位分别代表 2、4、2、1 和 5、2、1、1,每组代码按权展开后恰好等于它表示的十进制数。例如,2421 码中 1101 这组代码,按权展开后为

$$(1101)_{2421} = 1 \times 2 + 1 \times 4 + 0 \times 2 + 1 \times 1 = 7$$

余 3 码是一种无权码,即每一位没有固定的权。余 3 码可以看成是在 8421BCD 码基础上加 3 得到,则等值的十进制数比它所表示的十进制数多 3,故称余 3 码。

2. 格雷码(Gray code)

格雷码是一种无权码,又称循环码,是在定位系统、检测系统和控制系统中较常用的一种代码。它的编码规则是:相邻两组代码之间仅有一位二进制数不同,其余各位均相同。格雷码有多种代码形式,其中最常用的一种是循环码,因最大数与最小数之间也仅一位数不同,即"首尾相连",因此而得名。4 位格雷码(循环码)的编码如表 1-2 所示。

表 1-2　4 位格雷码(循环码)的编码

十进制数	循环码	十进制数	循环码
0	0000	15	1000
1	0001	14	1001
2	0011	13	1011
3	0010	12	1010
4	0110	11	1110
5	0111	10	1111
6	0101	9	1101
7	0100	8	1100

3. 字符码

字符码是专门用来处理数字、字母及各种符号的二进制代码。最常用的有美国标准信息交换码(ASCII 码),它是用 7 位二进制数码来表示字符,共可以表示 $2^7 = 128$ 个字符。如表 1-3 所示。

表 1-3 美国标准信息交换码(ASCII 码)

a3a2a1a0	a6a5a4							
	000	001	010	011	100	101	110	111
0000	控制符		间隔	0	@	P		p
0001			!	1	A	Q	a	q
0010			"	2	B	R	b	r
0011			#	3	C	S	c	s
0100			$	4	D	T	d	t
0101			%	5	E	U	e	u
0110			'	6	F	V	f	v
0111			"	7	G	W	g	w
1000			(	8	H	X	h	x
1001			)	9	I	Y	i	y
1010			*	:	J	Z	j	z
1011			+	;	K	[	k	{
1100			,	<	L	\	l	I
1101			—	=	M	]	m	}
1110			.	>	N	^	n	
1111			/	?	O	—	o	DEL

习题

1. 将下列 8421BCD 码转换为十进制数。

$(0110\ 0001\ 1001)_{8421BCD}$

$(0110\ 0111\ 1000)_{8421BCD}$

$(0101\ 0101.\ 1000\ 0110)_{8421BCD}$

2. 将下列十进制数转换为 8421BCD 码。

$(25.3)_{10}$ $(523.8)_{10}$ $(71.32)_{10}$

3. 以下哪组代码是 8421 代码中的无效码?

A. 1000   B. 1010   C. 0110   D. 1100

专题 2　逻辑函数

▷ **专题要求**

学会运用逻辑代数分析问题,分析数字电路中的逻辑关系。

▷ **专题目标**

- 掌握三种基本的逻辑关系及相应的复合逻辑关系;
- 掌握逻辑代数的基本公式和定律;
- 掌握逻辑函数的化简;
- 掌握逻辑函数的各种表示方法以及相互转换;
- 了解逻辑函数的无关项概念,掌握含有无关项的化简方法。

在前面学习的基础上,可以用不同的数字表示不同数量的大小,还可以用不同的数字表示不同事物或者事物的不同状态,称为逻辑状态。例如,用 1 位二进制数的 1 和 0 可以表示"对"和"错"、"有"和"无"、"接通"和"断开"等。

这里所说的"逻辑"是指事物的因果关系。当两个数字代表两个不同的逻辑状态时可以按照它们之间存在的因果关系进行推理运算,这种运算称为逻辑运算。

英国数学家乔治·布尔(George Boole)于 1849 年首先提出了进行逻辑运算的数学方法——逻辑代数,也叫作布尔代数。现在逻辑代数已经成为分析和设计数字逻辑电路的主要数学工具。

逻辑状态:用数字表示事物或事物的状态;

逻辑运算:按照逻辑状态进行推理运算;

逻辑代数:进行逻辑运算的数学方法,是分析和设计数字电路的主要数学工具。

1.2.1　基本逻辑关系及运算

最基本的逻辑关系有与、或、非三种,三种最基本的逻辑运算为与运算、或运算和非运算。

逻辑代数及
基本逻辑关系

1. 与逻辑及与运算

当决定某件事的所有条件全部具备时,这件事才发生,否则这件事就不发生,这种因果关系称为与逻辑关系。

我们用一个简单的模型电路来说明与逻辑关系,如图 1-1 所示。A、B 是两个串联开关,Y 是灯,开关与灯之间的关系是:只有当 A、B 两个开关都闭合时灯才会亮,当 A、B 两个开关中有一个或一个以上断开时灯就熄灭。

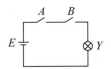

图 1-1　与逻辑模型电路

如果开关闭合和灯亮用逻辑"1"来表示,开关断开和灯灭用逻辑"0"来表示,则可以得到与逻辑真值表,简称真值表(Truth Table),如表 1-4 所示。

表 1-4　与逻辑真值表

A	B	Y	A	B	Y
0	0	0	1	0	0
0	1	0	1	1	1

与逻辑运算可用以下逻辑表达式表示:

$$Y = A \cdot B = AB(\text{"} \cdot \text{"可省略})$$

所以,与逻辑运算也称"逻辑乘"。

与逻辑运算规则为:有 0 出 0,全 1 出 1。

与逻辑的逻辑符号如图 1-2 所示,这个符号也代表"与门"(AND gate)。

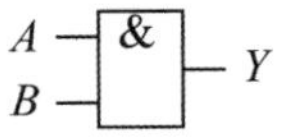

图 1-2　与逻辑符号

2. 或逻辑及或运算

当决定某件事的几个条件中,只要有一个或一个以上条件满足,这件事就会发生,否则就不发生,这种因果关系称为或逻辑关系。

同样我们也用一个简单的模型电路来说明或逻辑关系,如图 1-3 所示。

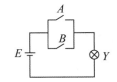

图 1-3　或逻辑模型电路 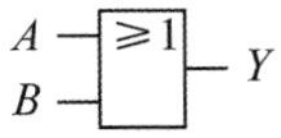　　　　图 1-4　或逻辑符号

或逻辑真值表如表 1-5 所示。

表 1-5　或逻辑真值表

A	B	Y	A	B	Y
0	0	0	1	0	1
0	1	1	1	1	1

或逻辑运算可以用以下逻辑表达式表示:

$$Y = A + B$$

所以,或逻辑运算也称"逻辑加"。

或逻辑运算规则为:有 1 出 1,全 0 出 0。

或逻辑的逻辑符号如图 1-4 所示,这个符号也代表"或门"(OR gate)。

3. 非逻辑及非运算

在某一事件中,若结果总是和条件呈相反状态,则这种逻辑关系称为非逻辑关系。

非逻辑模型电路如图 1-5 所示,非逻辑真值表如表 1-6 所示。

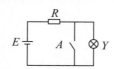

图 1-5　非逻辑模型电路

表 1-6　非逻辑真值表

A	Y	A	Y
0	1	1	0

非逻辑运算可以用以下逻辑表达式表示:

$$Y = \overline{A}$$

字母 A 上的横杠表示取反的意思,即 A 非。

非运算也称"反运算",即始终取反。

非逻辑的逻辑符号如图 1-6 所示,这个符号也代表"非门"(NOT gate),又称"反相器"。

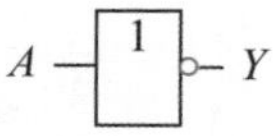

图 1-6　非逻辑符号

4. 几种复合逻辑关系

除了最基本的与、或、非三种逻辑运算关系,还有几种常见的复合逻辑关系。

（1）与非逻辑

与非逻辑是在与逻辑基础上取反,即先与后非。与非逻辑表达式为

$$Y = \overline{AB}$$

与非逻辑真值表如表 1-7 所示。

逻辑代数的几种特殊逻辑关系

表 1-7　与非逻辑真值表

A	B	Y	A	B	Y
0	0	1	1	0	1
0	1	1	1	1	0

与非逻辑运算规则为:有 0 出 1,全 1 出 0。

它的逻辑符号是在与逻辑符号输出端加小圆圈来表示逻辑取反状态,如图 1-7 所示,这个符号也表示与非门(NAND gate)。

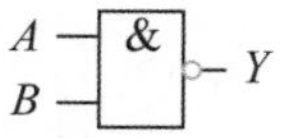

图 1-7　与非逻辑符号

（2）或非逻辑

或非逻辑是在或逻辑基础上取反，即先或后非。或非逻辑表达式为

$$Y=\overline{A+B}$$

或非逻辑真值表如表 1-8 所示。

表 1-8　或非逻辑真值表

A	B	Y	A	B	Y
0	0	1	1	0	0
0	1	0	1	1	0

或非逻辑运算规则为：有 1 出 0，全 0 出 1。

它的逻辑符号如图 1-8 所示，这个符号也表示或非门（NOR gate）。

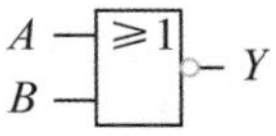

图 1-8　或非逻辑符号

（3）与或非逻辑

与或非逻辑是在与逻辑和或逻辑基础上取反，即先与后或再非。与或非逻辑表达式为

$$Y=\overline{AB+CD}$$

与或非逻辑真值表如表 1-9 所示。

表 1-9　与或非逻辑真值表

A	B	C	D	Y	A	B	C	D	Y
0	0	0	0	1	1	0	0	0	1
0	0	0	1	1	1	0	0	1	1
0	0	1	0	1	1	0	1	0	1
0	0	1	1	0	1	0	1	1	0
0	1	0	0	1	1	1	0	0	0
0	1	0	1	1	1	1	0	1	0
0	1	1	0	1	1	1	1	0	0
0	1	1	1	0	1	1	1	1	0

与或非逻辑运算规则为：与项有 1，结果出 0，其余情况结果出 1。

它的逻辑符号如图 1-9 所示，这个符号也表示与或非门（AND OR NOT gate）。

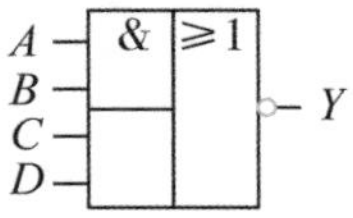

图 1-9　与或非逻辑符号

（4）异或逻辑

异或逻辑是指逻辑状态相异的两个输入变量先与再或所组成的逻辑关系。异或逻辑表达式为

$$Y=A\oplus B=A\overline{B}+\overline{A}B$$

异或逻辑真值表如表 1-10 所示。

表 1-10　异或逻辑真值表

A	B	Y	A	B	Y
0	0	0	1	0	1
0	1	1	1	1	0

从真值表可以看出,异或逻辑运算的含义是:当输入变量不同时,输出为"1";当输入变量相同时,输出为"0"。

异或逻辑运算规则为:不同出 1,相同出 0。

它的逻辑符号如图 1-10 所示,这个符号也表示异或门(XOR gate)。

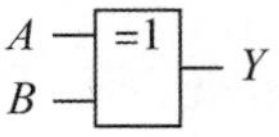

图 1-10　异或逻辑符号 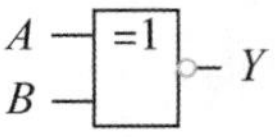　　　图 1-11　同或逻辑符号

（5）同或逻辑

同或逻辑是指逻辑状态相同的两个输入变量先与再或所组成的逻辑关系。同或逻辑表达式为

$$Y = A \odot B = AB + \overline{A}\,\overline{B}$$

同或逻辑真值表如表 1-11 所示。

表 1-11　同或逻辑真值表

A	B	Y	A	B	Y
0	0	1	1	0	0
0	1	0	1	1	1

从真值表可以看出,同或运算的含义是:当输入变量相同时,输出为"1";当输入变量不同时,输出为"0"。

同或逻辑运算规则为:相同出 1,不同出 0。

从异或逻辑和同或逻辑真值表中可以看出,异或逻辑和同或逻辑是互为相反的,即它们的逻辑函数表达式关系可以写成

$$Y = A \odot B = \overline{A \oplus B}$$

同或的逻辑符号如图 1-11 所示,这个符号也表示同或门(XNOR gate)。

习 题

1. 当 $A = 1, B = 0$ 时,求 $A \oplus B$ 的值。

2. 当 $A = 1, B = 1$ 时,求 $A \odot B$ 的值。

3. 当 $A = 0, B = 1$ 时,求  Y 中 Y 的值。

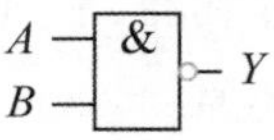

4. 当 $A=1,B=1,C=0,D=1$ 时，求 Y 中 Y 的值。

1.2.2 逻辑运算

逻辑代数的
运算公式

1. 逻辑代数的基本公式

逻辑代数的基本公式是逻辑运算的基础，这些公式往往比较简单、直观，可以直接利用进行逻辑函数化简，还可以用来证明一些逻辑代数的基本定律。

（1）逻辑常量的运算

逻辑常量只有 0 和 1 两个值。逻辑常量间的与、或、非三种基本逻辑运算公式如表 1-12 所示。

表 1-12　逻辑常量运算公式

与运算	或运算	非运算
$0 \cdot 0=0$	$0+0=0$	
$0 \cdot 1=0$	$0+1=1$	$\overline{1}=0$
$1 \cdot 0=0$	$1+0=1$	$\overline{0}=1$
$1 \cdot 1=1$	$1+1=1$	

这里需要注意的是，由于是逻辑运算关系，$1+1$ 还是等于 1。

（2）逻辑变量与常量之间的运算

设有逻辑变量 A，则 A 与常量间的运算公式如表 1-13 所示。

表 1-13　逻辑变量与常量之间的运算公式

与运算	或运算	非运算
$A \cdot 0=0$	$A+0=A$	
$A \cdot 1=A$	$A+1=1$	$\overline{\overline{A}}=A$
$A \cdot A=A$	$A+A=A$	
$A \cdot \overline{A}=0$	$A+\overline{A}=1$	

因为变量 A 的取值只能为 0 或 1，因此把变量 A 的取值 0 或 1 代入表中公式，则当 $A=1$ 时，$A \cdot A=1 \cdot 1=1$；当 $A=0$ 时，$A \cdot A=0 \cdot 0=0$。当 $A=1$ 时，$A \cdot \overline{A}=1 \cdot \overline{1}=0$；当 $A=0$ 时，$A \cdot \overline{A}=0 \cdot \overline{0}=0$。

重叠律：相同变量间的运算称为重叠律，如 $A \cdot A=A$、$A+A=A$；

$0-1$ 律：0 或 1 与变量间的运算称为 $0-1$ 律，如 $A \cdot 0=0$，$A+0=A$，$A \cdot 1=A$，$A+1=1$；

互补律：两个互反（互非）变量间的运算称为互补律，如 $A \cdot \overline{A}=0$、$A+\overline{A}=1$；

还原律：一个变量的两次非（取反）运算称为还原律，如 $\overline{\overline{A}}=A$。

2. 逻辑代数的基本定律

逻辑代数的基本定律是分析、设计逻辑电路的基础,是化简和变换逻辑代数式的重要工具。这些定律和普通代数有相似之处,但也有不同的地方。

逻辑代数的
基本定律

（1）三个基本定律

与普通代数相似的三个定律：交换律、结合律和分配律,如表 1-14 所示。

表 1-14　交换律、结合律和分配律

交换律	$A+B=B+A$
	$A \cdot B=B \cdot A$
结合律	$A+B+C=(A+B)+C=A+(B+C)$
	$A \cdot B \cdot C=(A \cdot B) \cdot C=A \cdot (B \cdot C)$
分配律	$A \cdot (B+C)=A \cdot B+A \cdot C$
	$A+BC=(A+B) \cdot (A+C)$

【例 1.1】　试用公式推导证明：

$$A+BC=(A+B) \cdot (A+C)$$

该公式跟普通代数有所不同,现利用逻辑代数的基本公式和基本定律证明如下：

右式 $=(A+B) \cdot (A+C)$

$\qquad =A \cdot A+A \cdot C+A \cdot B+B \cdot C$　　……利用第 1 条分配律将右式展开

$\qquad =A+A \cdot C+A \cdot B+B \cdot C$　　……利用 $A \cdot A=A$

$\qquad =A \cdot (1+C+B)+B \cdot C$

$\qquad =A+BC=$ 左式　　……利用 $1+A=1,A \cdot 1=A$

（2）吸收律

吸收律可以利用基本公式推导出来,是逻辑函数化简中常用的定律,如表 1-15 所示。

表 1-15　吸收律

$A+AB=A$	$A(A+B)=A$
$A+\overline{A}B=A+B$	$A(\overline{A}+B)=AB$
$AB+A\overline{B}=A$	$(A+B)(A+\overline{B})=A$
$AB+\overline{A}C+BC=AB+\overline{A}C$ 由上式可拓展为 $AB+\overline{A}C+BCD=AB+\overline{A}C$	$(A+B)(\overline{A}+C)(B+C)=(A+B)(\overline{A}+C)$ 由上式可拓展为 $(A+B)(\overline{A}+C)(B+C+D)=(A+B)(\overline{A}+C)$

【例 1.2】　试用公式推导证明：

$$A+\overline{A}B=A+B$$

解　左式 $=(A+\overline{A})(A+B)$　　……根据分配律

$\qquad =1(A+B)$　　……根据互补律

$$=A+B=右式 \qquad \cdots\cdots\cdots 根据 0-1 律$$

【例 1.3】 试用公式推导证明：

$$AB+\overline{A}C+BC=AB+\overline{A}C$$

解 左式$=AB+\overline{A}C+BC\cdot1$ $\qquad\cdots\cdots\cdots$根据 0-1 律

$\quad=AB+\overline{A}C+BC(A+\overline{A})$ $\qquad\cdots\cdots\cdots$根据互补律

$\quad=AB+\overline{A}C+ABC+\overline{A}BC$ $\qquad\cdots\cdots\cdots$根据分配律

$\quad=AB(1+C)+\overline{A}C(1+B)$ $\qquad\cdots\cdots\cdots$根据分配律

$\quad=AB\cdot1+\overline{A}C\cdot1$ $\qquad\cdots\cdots\cdots$根据 0-1 律

$\quad=AB+\overline{A}C$ $\qquad\cdots\cdots\cdots$根据 0-1 律

由此公式，可以推导出 $AB+\overline{A}C+BCD=AB+\overline{A}C$，其中 BCD 是冗余项，可以被吸收掉。此公式还可以这样描述：若一个乘积项中有它的原变量(A)，另一个乘积项中有它的反变量($\overline{A}$)，而乘积项中其他变量(B,C)是第三个(或第四个、第五个…)乘积项中的变量，且不包含有前面的变量 A，则其余这些乘积项是冗余项，可以消去。

表 1-15 右列的公式可以利用分配率将括号去掉，再进行推导证明。或者直接用等式左右两边的真值表直接证明。

【例 1.4】 试用真值表推导证明：

$$(A+B)(\overline{A}+C)(B+C)=(A+B)(\overline{A}+C)$$

解 分别列出等式左右两边的真值表，如表 1-16 所示。

表 1-16 $(A+B)(\overline{A}+C)(B+C)=(A+B)(\overline{A}+C)$的证明

A	B	C	$(A+B)(\overline{A}+C)(B+C)$	$(A+B)(\overline{A}+C)$
0	0	0	0	0
0	0	1	0	0
0	1	0	1	1
0	1	1	1	1
1	0	0	0	0
1	0	1	1	1
1	1	0	0	0
1	1	1	1	1

从上表可以看出，等式左右两边的真值表完全相等，所以等式得证。

(3)摩根定理

摩根定理又称为反演定律，它有下面两种形式：

$$\overline{A\cdot B}=\overline{A}+\overline{B} \qquad \overline{A+B}=\overline{A}\cdot\overline{B}$$

摩根定理可利用真值表来推导证明，如表 1-17 和表 1-18 所示。

表 1-17　$\overline{A \cdot B} = \overline{A} + \overline{B}$ 的证明

$A\ \ B$	$\overline{A \cdot B}$	$\overline{A} + \overline{B}$	$A\ \ B$	$\overline{A \cdot B}$	$\overline{A} + \overline{B}$
0　0	1	1	1　0	1	1
0　1	1	1	1　1	0	0

表 1-18　$\overline{A + B} = \overline{A} \cdot \overline{B}$ 的证明

$A\ \ B$	$\overline{A + B}$	$\overline{A} \cdot \overline{B}$	$A\ \ B$	$\overline{A + B}$	$\overline{A} \cdot \overline{B}$
0　0	1	1	1　0	0	0
0　1	0	0	1　1	0	0

摩根定理在数字电路中具有非常重要的意义,摩根定理意味着只要运用非运算,则与运算和或运算之间可以相互转换。在实际应用中,也可以使电路设计师能更加灵活、方便地设计电路。

1.2.3　逻辑代数的基本规则

逻辑代数的基本规则

1. 代入规则

对于任何一个等式,若将等式中出现的同一变量用同一个逻辑函数替代,则等式仍然成立,这个规则称为代入规则。

理论依据:任何一个逻辑函数和任何一个逻辑变量一样,只有逻辑 0 和逻辑 1 两种取值。因此,可将逻辑函数作为一个逻辑变量对待。

【例 1.5】

$$AC + BC = (A + B)C$$

若令 $A = DE$,则代入以上公式有

$$DEC + BC = (DE + B)C$$

同理可将变量个数推广到 n 个。根据这一规则,可以将摩根定理推广为多变量形式。如 $\overline{A \cdot B} = \overline{A} + \overline{B}$,令 $B = BCD$,代入公式则得 $\overline{ABCD} = \overline{A} + \overline{B} + \overline{C} + \overline{D}$;如 $\overline{A + B} = \overline{A} \cdot \overline{B}$,令 $B = B + C + D$,代入公式则得 $\overline{A + B + C + D} = \overline{ABCD}$。

同理,摩根定理可以继续推广为更多变量的关系式,可以扩大摩根定理的应用范围。

2. 反演规则

对任何一个逻辑函数 Y 作反演变换,可得 Y 的反函数 $\overline{Y}$(即函数 Y 的非),这个规则叫作反演规则。其遵循以下变换规则:

如果将逻辑函数中所有的"·"换成"+","+"换成"·",0 换成 1,1 换成 0,原变量换成反变量,反变量换成原变量,则可得到原逻辑函数的反函数。

【例 1.6】

$$Y = \overline{A} \cdot \overline{B} + \overline{C} \cdot D$$

利用反演规则可得

$$\overline{Y} = (A+B) \cdot (C+\overline{D})$$

求一个函数的反函数可直接利用反演规则。运用反演规则时必须注意运算的优先顺序（先括号、再与、后或），不能破坏原式的运算次序。

此外，不属于单个变量的非号应保留，这一点特别容易出错。例如

$$Y = (\overline{A+B}) \cdot (\overline{\overline{C+D}})$$

利用反演规则可得

$$\overline{Y} = (\overline{\overline{A} \cdot \overline{B}}) + \overline{\overline{C} \cdot \overline{D}}$$

还可利用真值表对上述两个函数式推导证明，如表 1-19 所示。

表 1-19　证明 $(\overline{\overline{A} \cdot \overline{B}})+\overline{\overline{C} \cdot \overline{D}}$ 和 $(\overline{A+B}) \cdot (\overline{\overline{C+D}})$ 互为反函数

A	B	C	D	$(\overline{\overline{A} \cdot \overline{B}})+\overline{\overline{C} \cdot \overline{D}}$	$(\overline{A+B}) \cdot (\overline{\overline{C+D}})$
0	0	0	0	1	0
0	0	0	1	1	0
0	0	1	0	0	1
0	0	1	1	1	0
0	1	0	0	1	0
0	1	0	1	1	0
0	1	1	0	1	0
0	1	1	1	1	0
1	0	0	0	1	0
1	0	0	1	1	0
1	0	1	0	1	0
1	0	1	1	1	0
1	1	0	0	1	0
1	1	0	1	1	0
1	1	1	0	1	0
1	1	1	1	1	0

3. 对偶规则

对任何一个逻辑函数 Y，如果将该逻辑函数中所有的"·"换成"+"，"+"换成"·"，0 换成 1，1 换成 0，就可得到新的逻辑函数 Y'，则称 Y 和 Y' 是互为对偶式。对偶变换时同样要注意保持变换前后运算的优先顺序不变。例如

$$Y = A\overline{B} + A(C+0)$$
$$Y' = (A+\overline{B})(A+C \cdot 1)$$

对偶规则的意义在于：若两个函数式相等，则它们的对偶式也一定相等。因此，对偶

规则也适用于逻辑等式，如将逻辑等式两边同时进行对偶变换，则得到的对偶式仍然相等。

1.2.4　逻辑函数的表示方法

真值表

当输入逻辑变量的取值确定之后，输出逻辑变量的取值也就被相应地确定了，输出逻辑变量与输入逻辑变量之间存在一定的对应关系，我们将这种对应关系称为逻辑函数。逻辑函数主要可以用真值表、逻辑表达式（逻辑函数式）、逻辑图、波形图、卡诺图等几种方法来表示。以下介绍这几种表示方法，以及几种表示方法间的相互转换。

1. 真值表

真值表是列出输入变量的各种取值组合及其对应输出逻辑函数值的表格。

列真值表的方法：每一个输入变量均有 0、1 两种取值，n 个输入变量共有 2^n 种不同的取值，将这 2^n 种不同的取值按二进制递增顺序排列起来，同时在相应位置上填入输出函数的值，便可得到该逻辑函数的真值表。

真值表最大的特点就是能直观地表示输入和输出之间的逻辑关系。如表 1-20 所示，它表示了逻辑函数与逻辑变量各种取值之间的一一对应关系，具有唯一性。

表 1-20　真值表

输入			输出	输入			输出
A	B	C	Y	A	B	C	Y
0	0	0	1	1	0	0	0
0	0	1	0	1	0	1	0
0	1	0	1	1	1	0	1
0	1	1	1	1	1	1	0

【例 1.7】　试说明表 1-21 的真值表所表示的逻辑功能。

表 1-21　真值表

输入				输出	输入				输出
A	B	C	D	Y	A	B	C	D	Y
0	0	0	0	0	1	0	0	0	1
0	0	0	1	1	1	0	0	1	0
0	0	1	0	1	1	0	1	0	0
0	0	1	1	0	1	0	1	1	1
0	1	0	0	1	1	1	0	0	0
0	1	0	1	0	1	1	0	1	1
0	1	1	0	0	1	1	1	0	1
0	1	1	1	1	1	1	1	1	0

解　从真值表可以看出，当输入变量 A、B、C、D 中有奇数个 1 时，则输出 $Y=1$，否则

输出 $Y=0$，所以这是一个判奇偶函数。

2. 逻辑表达式

逻辑函数式

逻辑表达式是用与、或、非等运算表示逻辑函数中各个变量之间逻辑关系的表达式，也叫逻辑函数式，或简称逻辑式，是一种最常用的表示逻辑函数的方法。例如

$$Y(A,B,C,D)=A\overline{B}+\overline{A}C+\overline{A}\overline{B}\overline{D}$$

上式表明输出逻辑变量 Y 是输入逻辑变量 A、B、C、D 的逻辑函数，它们之间的函数关系由等式右边的逻辑运算式给出。

在逻辑表达式的化简和变换过程中，经常需要将逻辑表达式化为最小项之和的标准形式。为此，首先需要介绍最小项的概念。

（1）最小项的概念

最小项

在一个逻辑表达式中，如果一个乘积项包含了所有变量，而且每个变量以原变量或反变量的形式出现且仅出现一次，那么该乘积项称为该逻辑函数的一个最小项。

根据最小项的定义，两变量 A、B 的最小项应该有 $\overline{A}\overline{B}$、$\overline{A}B$、$A\overline{B}$ 和 AB 四个（即 $2^2=4$ 个），三变量 A、B、C 的最小项有 $\overline{A}\overline{B}\overline{C}$、$\overline{A}\overline{B}C$、$\overline{A}B\overline{C}$、$\overline{A}BC$、$A\overline{B}\overline{C}$、$A\overline{B}C$、$AB\overline{C}$ 和 ABC 共八个（即 $2^3=8$ 个）。依此类推，n 变量的最小项应有 2^n 个。

（2）最小项的性质

在研究最小项性质前，我们先来看三变量最小项真值表，如表 1-22 所示。

表 1-22　三变量最小项真值表

$A\ B\ C$	$\overline{A}\overline{B}\overline{C}$	$\overline{A}\overline{B}C$	$\overline{A}B\overline{C}$	$\overline{A}BC$	$A\overline{B}\overline{C}$	$A\overline{B}C$	$AB\overline{C}$	ABC
0 0 0	1	0	0	0	0	0	0	0
0 0 1	0	1	0	0	0	0	0	0
0 1 0	0	0	1	0	0	0	0	0
0 1 1	0	0	0	1	0	0	0	0
1 0 0	0	0	0	0	1	0	0	0
1 0 1	0	0	0	0	0	1	0	0
1 1 0	0	0	0	0	0	0	1	0
1 1 1	0	0	0	0	0	0	0	1

根据以上三变量最小项的真值表，可以看出它具有如下性质：

1）在输入变量的任何一组取值下，有且仅有一个最小项的值为1。

例如：对于 $\overline{A}B\overline{C}$ 这个最小项，只有变量取值为 010 时，它的值为 1，在变量取其他各组值时，这个最小项的值为 0。

2）任意两个最小项之积为 0。

例如：$\overline{A}BC$ 与 $AB\overline{C}$ 相乘为 0。

3）全部最小项之和为 1。

4）相邻的两个最小项之和可以合并为一项，合并后的结果中只保留这两项的相同因子。

所谓相邻是指两个最小项之间仅有一个变量不同，也称逻辑相邻。例如三变量最小项 $\overline{A}B\overline{C}$ 和 $\overline{A}BC$ 只有 $\overline{C}$ 和 C 不同，所以具有相邻性。将它们相加后可得到

$$\overline{A}B\overline{C}+\overline{A}BC=\overline{A}B$$

保留相同因子 $\overline{A}$ 和 B，去掉不同因子 $\overline{C}$ 和 C。

（3）最小项的编号

由于逻辑函数的每一个最小项都对应着唯一的一个十进制数，因此我们可以用十进制数作为最小项的编号。具体编号方法为：把最小项取值为 1 所对应的那一组变量取值组合当成二进制数，与其对应的十进制数，就是该最小项的编号。例如三变量 A、B、C 的最小项，当 $A=1$、$B=1$、$C=0$ 时，最小项 $AB\overline{C}$ 的取值为 1。如果把 A、B、C 的取值 110 看作是二进制数，那么它对应的十进制数就是 6，那么 6 就是最小项 $AB\overline{C}$ 的编号，用 m_6 来表示。因此，最小项的编号用" m_i "表示，下标" i "即最小项的编号。三变量最小项的编号如表 1-23 所示。

表 1-23　三变量最小项的编号

A　B　C	对应十进制数	最小项名称	编号
0　0　0	0	$\overline{A}\,\overline{B}\,\overline{C}$	m_0
0　0　1	1	$\overline{A}\,\overline{B}C$	m_1
0　1　0	2	$\overline{A}B\overline{C}$	m_2
0　1　1	3	$\overline{A}BC$	m_3
1　0　0	4	$A\overline{B}\,\overline{C}$	m_4
1　0　1	5	$A\overline{B}C$	m_5
1　1　0	6	$AB\overline{C}$	m_6
1　1　1	7	ABC	m_7

（4）标准与或表达式

任何函数表达式都可以转换成最小项相加的形式，由最小项构成的逻辑函数表达式称为标准与或表达式。

对于一般与或表达式，可以利用逻辑代数的基本公式和基本规则化成最小项之和的形式。可利用公式 $A+\overline{A}=1$ 来配项展开成最小项表达式，将每个乘积项中缺少的因子补齐。

【例 1.8】 将下面的逻辑函数化为标准与或表达式。

$$Y(A,B,C)=A\overline{B}+B\overline{C}$$

解 利用配项法,分别在 $A\overline{B}$ 上乘以 $(C+\overline{C})$,在 $B\overline{C}$ 上乘以 $(A+\overline{A})$,由于 $C+\overline{C}=1$, $A+\overline{A}=1$,则等式不变,可得到

$$\begin{aligned}Y(A,B,C)&=A\overline{B}(C+\overline{C})+B\overline{C}(A+\overline{A})\\&=A\overline{B}C+A\overline{B}\overline{C}+AB\overline{C}+\overline{A}B\overline{C}\\&=m_2+m_4+m_5+m_6\end{aligned}$$

也可写成如下最小项标准形式,即

$$Y(A,B,C)=\sum m(2,4,5,6)$$

值得注意的是,由真值表直接列写出的逻辑式是最小项之和的表达式,即标准与或表达式。

3. 逻辑图

逻辑符号表示一定的逻辑运算关系,将逻辑函数中变量间的逻辑运算关系用对应的逻辑符号表示出来,并通过先后运算次序连接后所形成的图形叫逻辑图。

逻辑图

【例 1.9】 画出 $Y(A,B,C)=\overline{\overline{A}\overline{B}\overline{C}}+ABC$ 的逻辑图。

解 此逻辑表达式可以用 3 个非门、2 个与门和一个或门来实现,如图 1-12 所示。

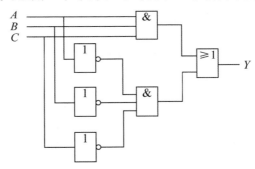

图 1-12 $Y(A,B,C)=\overline{\overline{A}\overline{B}\overline{C}}+ABC$ 的逻辑图

在画逻辑图时需要注意运算次序:先非后与再或。

4. 波形图

波形图

将输入变量所有可能的取值组合的高、低电平与对应的输出函数值的高、低电平按时间先后顺序依次排列起来画成的高、低电平的波形,称为函数的波形图(也叫时序图)。

特点:可以用示波器直接显示输入、输出对应的高、低电平,便于观察各变量的变化规律及某一时刻各变量之间的对应关系,便于直观地分析实际电路的逻辑功能。

【例 1.10】 试画出函数 $Y=\overline{\overline{A}\overline{B}\overline{C}}+ABC$ 的波形图。

解:如果在没有给定输入变量的波形情况下画函数的波形图,可以按照二进制自然递增的顺序将输入变量按高、低电平画出波形,然后再根据函数表达式得出对应函数值的波形。如图 1-13 所示。

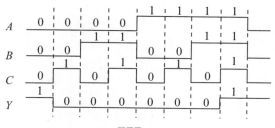

图 1-13　$Y=\overline{A}\,\overline{B}\,\overline{C}+ABC$ 的波形图

从图中可以看出,只有当输入变量 A、B、C 为全 0 或全 1 时,输出 Y 才会为 1,其余情况都为 0。

5. 卡诺图

（1）卡诺图构成规则

卡诺图是将逻辑表达式中变量最小项按照一定规则排列而组成的图形。

卡诺图构成规则:n 个变量有 2^n 个最小项,用小方块分别代表这些最小项,再把这些小方块排列成矩阵,同时使矩阵中几何位置相邻的两个最小项在逻辑上也是相邻的,这样就能得到表示 n 变量所有最小项的卡诺图。所谓的几何相邻是指最小项在矩阵中排列时的位置相邻,所谓的逻辑相邻是指两个最小项只有一个变量不同,其余变量均相同。因此,逻辑相邻的变量取值需按照如下顺序排列:

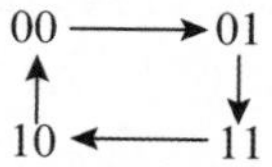

$$00 \longrightarrow 01$$
$$10 \longleftarrow 11$$

以三变量卡诺图为例,说明卡诺图的构成规则。如图 1-14 所示。

$A \diagdown BC$	00	01	11	10
	$\overline{A}\,\overline{B}\,\overline{C}$ m_0	$\overline{A}\,\overline{B}C$ m_1	$\overline{A}BC$ m_3	$\overline{A}B\overline{C}$ m_2
	$A\overline{B}\,\overline{C}$ m_4	$A\overline{B}C$ m_5	ABC m_7	$AB\overline{C}$ m_6

图 1-14　三变量卡诺图

图 1-14 是三变量的最小项矩阵图,也叫三变量卡诺图。图中标注的 0 和 1 或 0、1 组合表示使对应小方格内的最小项值为 1 的变量取值。为了保证几何位置相邻的两个最小项逻辑上相邻,矩阵中 B、C 变量的取值按照 00、01、11、10 的顺序。

按照上述三变量卡诺图的画法,四变量卡诺图如图 1-15 所示。

由图 1-15 还可以发现,图中任何一行或一列两端的最小项也是逻辑相邻的,如果将卡诺图上下卷成一个圆筒、左右也卷成一个圆筒,那么卡诺图的上下、左右也可以看成是几何相邻的。因此,卡诺图可以看成上下、左右闭合的图形。

AB \ CD	00	01	11	10
00	$\overline{A}\overline{B}\overline{C}\overline{D}$ m_0	$\overline{A}\overline{B}\overline{C}D$ m_1	$\overline{A}\overline{B}CD$ m_3	$\overline{A}\overline{B}C\overline{D}$ m_2
01	$\overline{A}B\overline{C}\overline{D}$ m_4	$\overline{A}B\overline{C}D$ m_5	$\overline{A}BCD$ m_7	$\overline{A}BC\overline{D}$ m_6
11	$AB\overline{C}\overline{D}$ m_{12}	$AB\overline{C}D$ m_{13}	$ABCD$ m_{15}	$ABC\overline{D}$ m_{14}
10	$A\overline{B}\overline{C}\overline{D}$ m_8	$A\overline{B}\overline{C}D$ m_9	$A\overline{B}CD$ m_{11}	$A\overline{B}C\overline{D}$ m_{10}

图 1-15　四变量卡诺图

卡诺图具有如下特点：

1)n 变量卡诺图有 2^n 个小方块；

2)每个小方块对应一个最小项；

3)几何相邻的最小项必须逻辑相邻；

4)卡诺图的上、下、左、右可以看成是闭合的图形。

(2)用卡诺图表示逻辑函数

首先将逻辑函数化成最小项之和的形式，然后在卡诺图对应的小方块中填入这些最小项，填入的值为 1，在其余的位置上填入 0，得到的图形就是表示该逻辑函数的卡诺图。反之，任何一个逻辑函数都等于它的卡诺图上填有 1 的位置上那些最小项之和。

【例 1.11】 用卡诺图表示下面的逻辑函数：

$$Y(A,B,C,D)=\overline{A}\overline{C}+AC\overline{D}+ABD+\overline{B}\overline{D}$$

解　首先将逻辑函数化成最小项之和的形式：

$$Y=\overline{A}\overline{B}\overline{C}\overline{D}+\overline{A}\overline{B}\overline{C}D+\overline{A}\overline{B}C\overline{D}+\overline{A}B\overline{C}\overline{D}+\overline{A}B\overline{C}D+A\overline{B}\overline{C}\overline{D}+A\overline{B}C\overline{D}+AB\overline{C}D+ABC\overline{D}+ABCD=\sum m(0,1,2,4,5,8,10,13,14,15)$$

画出四变量 A、B、C、D 最小项的卡诺图，分别在最小项 m_0、m_1、m_2、m_4、m_5、m_8、m_{10}、m_{13}、m_{14}、m_{15} 的小方块内填入 1，其余方格内填入 0，或者空着不填，就得到了该逻辑函数的卡诺图，如图 1-16 所示。

AB \ CD	00	01	11	10
00	1	1		1
01	1	1		
11		1	1	1
10	1			1

图 1-16　例 1.11 的卡诺图

在用逻辑函数表达式画卡诺图时还有一种简便的方法,如上述例题,可以在卡诺图中包含 $\overline{AC}$ 的所有小方块中都填入1,同理,在卡诺图中包含 $AC\overline{D}$、ABD 和 $\overline{BD}$ 的所有小方块中也都填入1,这样可以简化步骤。按照此方法,读者可以自行验证。

用卡诺图表示逻辑函数时,能直观地显示出最小项之间的相邻关系,这一点在用卡诺图化简逻辑函数时会讲到它的用处。

1.2.5 逻辑函数表示方法之间的转换

逻辑函数有多种表示方法,这些表示方法之间可以互相转换。

1. 逻辑表达式与真值表之间的转换

(1)逻辑表达式转换成真值表

有种最简单的方法,就是将输入变量的所有可能取值——代入逻辑表达式中,可得与之对应的逻辑函数值,将它们的值填入真值表中,即可完成转换。还有一种简便方法,求出函数值为1的那些输入变量的取值组合,剩下的函数值位置填0,可将工作量减半。举例加以说明。

【例1.12】 求逻辑函数 $Y=\overline{AB+CD}$ 的真值表。

解 根据题意可知,4个输入变量有 $4^4=16$ 种不同的可能取值,根据逻辑表达式,当 A、B、C、D 取值为 0000、0001、0010、0100、0101、0110、1000、1001、1010 时,逻辑函数 $Y=1$,其余取值组合逻辑函数 $Y=0$。将输入变量取值组合和逻辑函数值——对应的关系填入真值表中,就得到了此逻辑函数的真值表,如表1-24所示。

表1-24 例1.12真值表

A	B	C	D	Y	A	B	C	D	Y
0	0	0	0	1	1	0	0	0	1
0	0	0	1	1	1	0	0	1	1
0	0	1	0	1	1	0	1	0	1
0	0	1	1	0	1	0	1	1	0
0	1	0	0	1	1	1	0	0	0
0	1	0	1	1	1	1	0	1	0
0	1	1	0	1	1	1	1	0	0
0	1	1	1	0	1	1	1	1	0

(2)真值表转换成逻辑表达式

如果给出了真值表,由真值表写出相应的逻辑表达式的方法是:

1)从真值表中找出函数值为1的项;

2)将这些项中输入变量取值为1的用原变量代替,取值为0的用反变量代替,则得到一系列与项;

3)将这些与项相加,就得到了所求的逻辑表达式。

下面举例加以说明。

【例 1.13】 逻辑函数的真值表如表 1-25 所示,求出它的逻辑表达式。

表 1-25 例 1.13 的真值表

A	B	C	Y	A	B	C	Y
0	0	0	1	1	0	0	0
0	0	1	0	1	0	1	0
0	1	0	0	1	1	0	0
0	1	1	0	1	1	1	1

解 由真值表可见,当 ABC 取值为 000 和 111 时,$Y=1$。当 ABC 取值为 000 时,$\overline{AB}\ \overline{C}=1$;当 ABC 取值为 111 时,$ABC=1$。这两个与项任何一个的取值等于 1 时,Y 都为 1,所以 Y 应为这两项的和,即

$$Y(A,B,C)=\overline{ABC}+ABC$$

2. 逻辑表达式与逻辑图之间的转换

(1)逻辑表达式转换成逻辑图

如果给出了逻辑表达式,那么只要以逻辑符号代替逻辑表达式中的代数运算符号,并依照表达式中的运算先后顺序(即先非后与再或)将这些逻辑符号连接起来,就可以得到所求的逻辑图。如前面讲过的例 1.9 所述。

(2)逻辑图转换成逻辑表达式

如果给出的是逻辑图,则只要从输入端到输出端写出每个逻辑符号所表示的逻辑表达式,就可得到最终的逻辑表达式。

【例 1.14】 求出图 1-17 所示逻辑图的逻辑表达式。

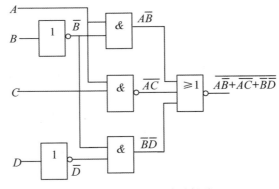

图 1-17 例 1.14 的逻辑图

解 从输入端向输出端逐级写出逻辑符号表示的逻辑表达式(见图 1-17),便得到

$$Y=\overline{A\,\overline{B}+\overline{AC}+\overline{BD}}$$

3. 真值表与波形图之间的转换

(1)真值表转换成波形图

在介绍波形图表示方法时讲过如何用逻辑表达式得到波形图。那么如果给出了真值

表,只需将输入变量的所有取值与对应的输出值按时间先后顺序排列起来,画成时间波形,就能得到表示这个逻辑函数的波形图。输入变量取值的排列顺序对逻辑函数没有影响,一般按二进制递增顺序排列。

【例 1.15】　求出如下真值表所表示逻辑函数的波形图。

表 1-26　例 1.15 的真值表

A B C	Y	A B C	Y
0　0　0	1	1　0　0	1
0　0　1	0	1　0　1	1
0　1　0	1	1　1　0	0
0　1　1	0	1　1　1	1

解　将 A、B、C 的取值按表 1-26 中的顺序排列,即得到图 1-18 所示的波形图。

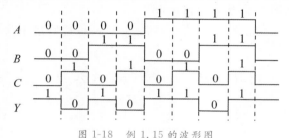

图 1-18　例 1.15 的波形图

(2)波形图转换成真值表

如果给出了逻辑函数的波形图,那么只要将每个时间段输入与输出的取值对应列表,就能得到所求的真值表。

【例 1.16】　已知逻辑函数的波形图如图 1-19 所示,其中 A、B、C 是输入变量,Y 是输出,试求该逻辑函数的真值表。

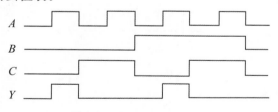

图 1-19　例 1.16 的波形图

解　将图 1-19 所示波形图上不同时间段中的 A、B、C 的取值与 Y 的取值对应列成表,即可得到如表 1-27 所示的真值表。

表 1-27　例 1.16 的真值表

A B C	Y	A B C	Y
0　0　0	0	1　0　0	1
0　0　1	0	1　0　1	0
0　1　0	0	1　1　0	1
0　1　1	0	1　1　1	0

4.逻辑表达式与卡诺图之间的转换

（1）逻辑表达式转换成卡诺图

在介绍用卡诺图表示逻辑函数时，讲到了将给定的逻辑表达式转换为卡诺图的方法，即先将逻辑表达式化成最小项之和的形式，然后在卡诺图上与这些最小项对应的小方块上填入 1，其余的位置上填入 0 或者空着不填，这样就得到了表示该逻辑函数的卡诺图，如在例 1.11 中所讲。

（2）卡诺图转换成逻辑表达式

如果给出了逻辑函数的卡诺图，那么只要将卡诺图中填 1 的位置上的那些最小项相加，就可以得到相应的逻辑表达式了。一般情况下，得到的逻辑表达式需要进一步化简，或者变换成需要的形式，如与非—与非式等。

【例 1.17】 根据图 1-20 所示卡诺图，求出与之对应的逻辑表达式。

解 先将图 1-20 中填 1 的那些最小项求出来，再将这些最小项相加，即可得所求的逻辑表达式，如下

$$Y(A,B,C,D)=\overline{A}\,\overline{B}\,\overline{C}D+\overline{A}BCD+AB\,\overline{C}\,\overline{D}+A\,\overline{B}C\,\overline{D}=\sum m(1,7,10,12)$$

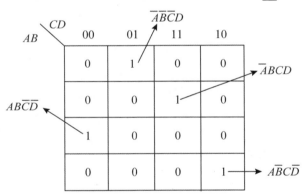

图 1-20 例 1.17 的卡诺图

1.2.6 逻辑函数的化简

在研究数字电路时，有时根据逻辑问题得出的逻辑表达式往往不是最简的，在实际应用中，我们往往需要对逻辑表达式进行化简和变换，可以得到最简的逻辑表达式和所需要的形式，设计出最简洁的逻辑电路。化简后的电路不仅器件用得较少，电路结构也更简单，电路的可靠性得到提高。

所以在设计逻辑电路之前，必须对逻辑函数进行化简，以求得"最简"的逻辑表达式，最后得到最简的逻辑电路。所谓"最简"就是在保证逻辑关系不变的前提下乘积项的个数最少，且每个乘积项中变量的个数最少。

化简的方法通常有两种：公式化简法和卡诺图化简法。

1. 公式化简法

公式化简法是利用逻辑代数的基本公式和基本定律对逻辑表达式进行运算,消去式中多余的乘积项和每个乘积项中多余的因子,进行逻辑函数化简的方法。

逻辑函数的
公式化简法

(1)并项法

利用公式 $AB+A\overline{B}=A$,将两项合并为一项,并且消去一个互补变量。例如

$$Y=ABC+A\overline{B}\,\overline{C}+AB\overline{C}+A\overline{B}C$$
$$=AB(C+\overline{C})+A\overline{B}(C+\overline{C})$$
$$=AB+A\overline{B}$$
$$=A$$

(2)吸收法

利用公式 $A+AB=A$ 和 $AB+\overline{A}C+BC=AB+\overline{A}C$,消去多余的乘积项。例如

$$Y=AB+AB(C+D)=AB$$
$$Y=ABC+\overline{A}D+BCD=ABC+\overline{A}D$$

(3)消去法

利用 $A+\overline{A}B=A+B$,消去多余因子,例如

$$Y=AB+\overline{A}C+\overline{B}C=AB+(\overline{A}+\overline{B})C=AB+\overline{AB}C=AB+C$$

(4)配项法

利用乘 1 项 $A+\overline{A}=1$,或者加入零项 $A\overline{A}=0$,以及重复添加项 $A+A=A$ 进行配项后再化简。例如

$$Y=A\overline{C}+B\overline{C}+\overline{A}C+\overline{B}C=A\overline{C}(B+\overline{B})+B\overline{C}+\overline{A}C+\overline{B}C(A+\overline{A})$$
$$=AB\overline{C}+A\overline{B}\,\overline{C}+B\overline{C}+\overline{A}C+A\overline{B}C+\overline{A}\,\overline{B}C$$
$$=B\overline{C}(1+A)+\overline{A}C(1+\overline{B})+A\overline{B}(C+\overline{C})$$
$$=B\overline{C}+\overline{A}C+A\overline{B}$$

$$Y=ABC+A\overline{B}C+AB\overline{C}+\overline{A}BC=\underline{ABC+A\overline{B}C}+\underline{ABC+AB\overline{C}}+\underline{ABC+\overline{A}BC}$$
$$=AC+AB+BC$$

从以上两个化简运算来看,配项法需要一定技巧,有一定难度,一般初学者不太容易掌握。对复杂逻辑函数的化简,往往需要综合利用上述方法以及其他公式、定律和规则。化简结束后,还可以根据电路设计对所用门电路类型的要求,或按给定的元器件对逻辑表达式进行变换。

利用公式化简法得出的最简逻辑函数不一定是唯一的一种形式,有时可能有多种不同的最简形式。在用公式化简时,有时难以判断所得结果是否为最简,所以就有了第二种化简方法——卡诺图化简法,可以用卡诺图化简法来验证公式化简法。

2. 卡诺图化简法

卡诺图化简法的基本原理是利用卡诺图的相邻性,对相邻最小项进行合

卡诺图化简法

并,消去互反变量,以达化简的目的。

因为在画逻辑函数的卡诺图时保证了几何位置相邻的最小项在逻辑上也一定是相邻的,所以从卡诺图上能直观地判断出哪些最小项能够合并。

(1)两个相邻最小项合并

卡诺图中两个相邻最小项可以合并为一项,并消去一对互反变量的因子,保留公因子。图1-21给出了几种两个相邻最小项合并的情况。其中,图1-21(a)和1.21(b)是同一个卡诺图,但化简的方法不完全一样,就得到了两种不同的最简式。图1-21(a)中最小项 ABC 的相邻项有上面的 $\overline{A}BC$ 和右边的 $AB\overline{C}$,如果与上面的 $\overline{A}BC$ 合并进行化简,消去 A 和 $\overline{A}$,就得到了 BC 与项;如果与右边的 $AB\overline{C}$ 合并进行化简,消去 C 和 $\overline{C}$,就得到了 AB 与项,如图1-21(b)所示。

图1-21(a)合并的结果为:$\overline{A}\overline{B}C+\overline{A}BC+\overline{A}BC+ABC+A\overline{B}\overline{C}+AB\overline{C}=\overline{A}C+BC+A\overline{C}$

图1-21(b)合并的结果为:$\overline{A}\overline{B}C+\overline{A}BC+ABC+AB\overline{C}+A\overline{B}\overline{C}+AB\overline{C}=\overline{A}C+AB+A\overline{C}$

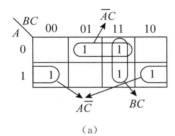

(a)

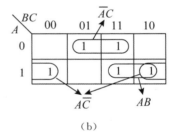

(b)

图 1-21 两个最小项相邻

(2)四个相邻最小项合并

卡诺图中四个相邻最小项并排成一个矩形,可以合并成一项,并消去两个因子,保留公共因子。图1-22给出了四个相邻最小项合并的情况。

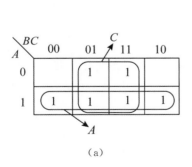

(a)

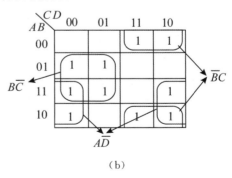

(b)

图 1-22 四个最小项相邻

图1-22(a)合并的结果为:

$$Y(A,B,C,D)=\overline{A}\overline{B}C+\overline{A}BC+A\overline{B}C+ABC+A\overline{B}\overline{C}+A\overline{B}C+ABC+AB\overline{C}=A+C$$

图 1-22(b)合并的结果为：

$$Y(A,B,C,D)=\underline{\overline{A}B\overline{C}\overline{D}+\overline{A}B\overline{C}D+AB\overline{C}\overline{D}+AB\overline{C}D}+\underline{AB\overline{C}\overline{D}+A\overline{B}\overline{C}\overline{D}+ABC\overline{D}+A\overline{B}C\overline{D}}+\underline{\overline{A}\overline{B}CD+\overline{A}\overline{B}C\overline{D}+A\overline{B}CD+A\overline{B}C\overline{D}}=B\overline{C}+A\overline{D}+\overline{B}C$$

(3)八个相邻最小项合并$\overline{D}$

卡诺图中八个相邻最小项并排成一个矩形，可以合并成一项，并消去三个因子，保留公共因子。图 1-23 给出了八个相邻最小项合并的情况。

图 1-23 合并的结果为：

$$\begin{aligned}Y(A,B,C,D)&=\underline{m_0+m_2+m_4+m_6+m_8+m_{10}+m_{12}+m_{14}}\\&\quad+\underline{m_4+m_5+m_6+m_7+m_{12}+m_{13}+m_{14}+m_{15}}\\&\quad+\underline{m_2+m_3+m_6+m_7+m_{10}+m_{11}+m_{14}+m_{15}}\\&=B+\overline{D}+C\end{aligned}$$

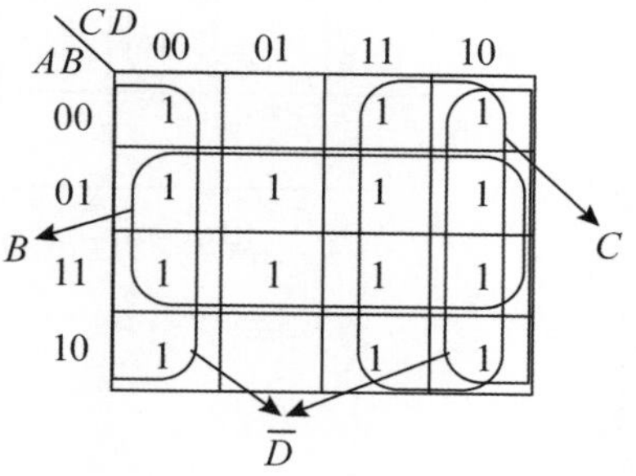

图 1-23　八个最小项相邻

(4)卡诺图化简法的步骤

1)用卡诺图表示逻辑函数。

2)合并相邻的最小项。将可以合并的最小项用一个圆圈圈起来，这个圈称为卡诺圈，画卡诺圈应注意以下几点：

①卡诺圈必须是由相邻最小项构成的矩形。

②卡诺圈中包含的“1”格越多越好，但个数必须为 2^n 个($n=0,1,2,\cdots$)。

③卡诺圈的个数越少越好。

④每一个“1”格可以被多个卡诺圈共用，但每个卡诺圈中至少要有一个“1”格没有被其他卡诺圈用过。

⑤不能漏掉任何一个“1”格。

3)将每个卡诺圈化简后得到的与项相加，就得到了最简式。

【例 1.18】　用卡诺图化简逻辑函数 $Y(A,B,C,D)=\sum m(0,2,4,5,6,7,9,15)$。

解　首先画出逻辑函数 Y 的卡诺图，如图 1-24 所示。按照合并相邻项的规则，各卡诺圈合并如下：

$$Y_a=\overline{A}\overline{B}\overline{C}\overline{D}+\overline{A}B\overline{C}\overline{D}+\overline{A}\overline{B}C\overline{D}+\overline{A}BC\overline{D}=\overline{AD}$$

$$Y_b = \overline{A}B\,\overline{C}\overline{D} + \overline{A}B\,\overline{C}D + \overline{A}BCD + \overline{A}BC\,\overline{D} = \overline{A}B$$

$$Y_c = \overline{A}BCD + ABCD = BCD$$

$$Y_d = A\,\overline{B}\overline{C}D\,(孤立项)$$

$$Y = Y_a + Y_b + Y_c + Y_d = \overline{A}\,\overline{D} + \overline{A}B + BCD + A\,\overline{B}\overline{C}D$$

可见,每一个卡诺圈对应一个与项,圈越大化简后的与项所含因子越少。化简中某些最小项可以重复使用,如 m_4、m_6、m_7 均被用了两次,而不影响函数值。

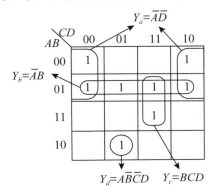

图 1-24　例 1.18 的卡诺图

3. 具有无关项的逻辑函数的化简

(1)无关项的概念

在逻辑函数中有时会出现这种情况,即对应于输入变量的某些取值,输出函数的值可以是任意的(任意项),或者这些输入变量的取值是受到限制和约束的(约束项),根本不会也不允许出现,通常把这些输入变量取值所对应的最小项称之为无关项。利用这些无关项可以帮助卡诺图的化简。无关项在卡诺图中用符号"×"表示,在标准与或表达式中用 $\sum d(\ )$ 表示,括号内的数字是无关项的最小项编号。

例如用 8421BCD 码表示十进制的 10 个数字时,只有 0000、0001、…、1001 等 10 种组合有效,而 1010~1111 这 6 种组合是不出现的,这些组合就是无关项。

(2)具有无关项的卡诺图化简

由于无关项对函数值没有影响,在卡诺图化简时,这些最小项的值可以取 1 也可以取 0。对于卡诺图化简而言,如果圈入无关项可以使圈变大,那么可以把无关项当作 1 圈入;如果圈入无关项对化简没有影响,则可以把无关项作 0 处理,在圈卡诺圈时不可以有冗余项,即保证"每个圈中至少有一个最小项 1 只被圈过一次"。

【例 1.19】　用卡诺图化简下列逻辑函数,并写出最简与或表达式。

$$Y(A,B,C,D) = \sum m(2,3,6,8,10) + \sum d(0,4,11,13,15)$$

解　首先画出逻辑函数的卡诺图,包括无关项用"×"表示,如图 1-25 所示。

在圈卡诺圈的时候,可以把无关项看作 1 进行圈画,每个卡诺圈要包含新的 1,可以重复圈画,但不允许有冗余项。因此,根据卡诺图可化简为

$$Y_a = \overline{A}BC\overline{D} + \overline{A}BC\,\overline{D} + A\,\overline{B}CD + A\,\overline{B}C\,\overline{D} = B\overline{D}$$

$$Y_b = \overline{A}\,\overline{B}C\overline{D} + \overline{A}B\,\overline{C}D + \overline{A}BC\,\overline{D} + \overline{A}BC\,\overline{D} = \overline{A}D$$

$$Y_c = \overline{A}BCD + \overline{A}BC\,\overline{D} + A\,\overline{B}CD + A\,\overline{B}C\,\overline{D} = B\overline{C}$$

$$Y = Y_a + Y_b + Y_c = B\overline{D} + \overline{A}D + B\overline{C}$$

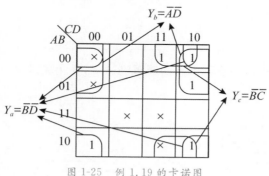

图 1-25 例 1.19 的卡诺图

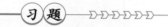

习题

1. 对于 n 个输入变量有几个最小项?

2. 同或运算和异或运算的口诀各是什么?它们之间存在什么关系?

3. $AB + \overline{A}C$ 的对偶式是哪一项?

A. $(A+B)(\overline{A}+C)(B+C)$ B. $A \cdot \overline{B} + C + \overline{DE}$

C. $\overline{A + \overline{B} \cdot \overline{C} \cdot \overline{D} + \overline{E}}$ D. $(A+B)(\overline{A}+C)$

4. 用 BC 代替 $\overline{A} + \overline{B}$ 中的 B,可得到哪一项?

A. $\overline{A} + \overline{B} + \overline{C}$ B. $(A+B)(\overline{A}+C)(B+C)$

C. $(A+B)(\overline{A}+C)$ D. $AB + \overline{A}C$

5. 写出下列逻辑函数的对偶式 Y' 和反函数 $\overline{Y}$。

(1) $Y = A\overline{C} + BD$ (2) $(\overline{A + \overline{B}} + \overline{A})C$ (3) $\overline{A}E + B(\overline{CD} + F)$

6. 将下列逻辑表达式化为最小项之和的形式(可以用标准与或表达式,也可以用最小项编号的形式)。

(1) $Y = A\overline{C} + BD$ (2) $(\overline{A + \overline{B}} + \overline{A})C$ (3) $\overline{A}D + B(A + \overline{CD})$

7. 用代数法化简下列逻辑函数。

(1) $Y = ABC\overline{D} + ABD + BC\overline{D} + ABC + BD + B\overline{C}$

(2)$Y = AD + A\overline{D} + \overline{A}B + \overline{A}CD + BCD + ABE$

(3)$Y = \overline{AC} + B(A + \overline{CD})$

8.已知逻辑函数的真值表如表1-28所示,写出该逻辑函数的逻辑表达式,并化成最简与或式。

表1-28　真值表

A	B	C	Y		A	B	C	Y
0	0	0	1		1	0	0	0
0	0	1	1		1	0	1	1
0	1	0	1		1	1	0	0
0	1	1	0		1	1	1	1

9.写出如图1-26所示各逻辑电路的逻辑表达式,并化成最简与或式。

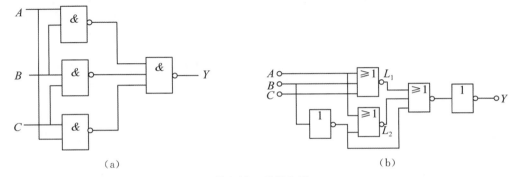

（a）　　　　　　　　　　　　　　　　　（b）

图1-26　习题9图

10.用卡诺图化简法将下列逻辑函数化简为最简与或表达式。

(1)$Y = ABC\overline{D} + ABD + BC\overline{D} + ABC + BD + B\overline{C}$

(2)$Y(A,B,C,D) = \sum m(2,4,5,6,10,12,13,14,15)$

(3)$Y(A,B,C,D) = \sum m(0,1,2,3,4,6,7,8,9,11,15)$

(4)$Y(A,B,C,D) = \sum m(0,1,5,7,8,11,14) + \sum d(3,9,15)$

(5)$Y(A,B,C,D) = \sum m(1,3,5,7,9) + \sum d(10,11,12,13,14)$

专题3　逻辑门电路

▷ **专题要求**

学习各种逻辑关系以及实现逻辑运算的单元电路。

▷ **专题目标**

· 理解基本逻辑关系、复合逻辑关系;

· 掌握常用逻辑门电路的电路组成、功能及使用方法。

在数字电路中,只要能明确区分高电平和低电平两个状态就可以了,所以,高电平和低电平都允许有一定的变化范围。

1.3.1　基本逻辑门电路

逻辑门电路

用以实现各种基本逻辑关系的单元电路称为门电路,它是数字电路的基本单元。常用的逻辑门电路有与门、或门、非门、与非门、或非门、三态门和异或门等。所谓门电路,就是一种开关,它具有若干个输入端和一个输出端,输入端需要满足一定条件才允许信号通过,就好像满足一定条件才开门一样,故称为门电路。

门电路的输入和输出信号只有高电平和低电平两种状态。信号的逻辑电平表示方法分正逻辑表示和负逻辑表示。若用"1"表示高电平信号,用"0"表示低电平信号,则称正逻辑表示法;反之为负逻辑表示法。今后在无特别说明的情况下,本书均采用正逻辑表示法。下面简单介绍一下由分立元件构成的基本逻辑门电路。

1. 二极管与门电路

利用二极管的单向导电性可组成二极管与门电路,如图 1-27(a)所示。

当 $A=B=0V$ 时,二极管 D_1、D_2 都导通,输出 $Y=0.7V$,为低电平(0)。

当 $A=0V$、$B=5V$ 时,D_1 导通,D_2 截止,输出 $Y=0.7V$,为低电平(0)。

当 $A=5V$、$B=0V$ 时,D_2 导通,D_1 截止,输出 $Y=0.7V$,为低电平(0)。

当 $A=B=5V$ 时,D_1、D_2 都截止,输出 $Y=5V$,为高电平(1)。

以上分析可以得到输入 A、B 是与的逻辑关系,所形成的电路是与门电路。

2. 二极管或门电路

二极管或门电路如图 1-27(b)所示。用上述同样的分析方法,可得输入 A、B 是或的逻辑关系,所形成的电路是或门电路。

3. 晶体管非门电路

晶体管非门电路如图 1-27(c)所示。晶体管只工作在饱和区和截止区。

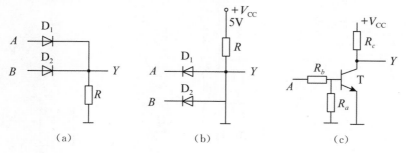

图 1-27　基本逻辑门电路

当 $A=5V$ 时,晶体管饱和导通,输出 $Y=0V$,为低电平(0)。

当 $A = 0V$ 时,晶体管截止,输出 $Y = 5V$,为高电平(1)。

可见,输入 A 与输出 Y 是互反的,形成非门电路。

另外,利用二极管和晶体管可以一起组成与非门电路和或非门电路。

1.3.2　集成逻辑门电路

以上基本逻辑门电路是由分立元件构成的,而实际应用中已经用集成电路来实现这些门电路的功能了。如果把一个逻辑门电路的所有元件及连线都制作在一块半导体材料的芯片上,再把这样的芯片封装在塑料壳内,就构成了一个集成门电路。集成逻辑门电路主要有双极型的 TTL 门电路和单极型的 CMOS 门电路。

1. TTL 门电路

TTL 逻辑门电路是晶体管－晶体管逻辑门电路的简称,它主要由双极型晶体管组成。由于 TTL 集成电路的生产工艺成熟,因此,产品参数稳定、可靠性高、耗电少,目前广泛应用于小规模集成电路中。

(1)TTL 与非门电路

下面介绍 CT74S 肖特基系列与非门的逻辑功能。

1)TTL 与非门的电路结构

TTL 与非门内部主要由输入级、中间反相级和输出级三部分组成。如图 1-28 所示是一个三输入的与非门,(a)是它的电路图,(b)图是它的逻辑符号,与分立元件的逻辑符号相同。输入级由多发射极晶体管 T_1 和 R_1 构成,它们的作用是对输入变量 A、B、C 实现逻辑与。中间反相级由 T_2、R_2 和 R_3 组成,T_2 的集电极和发射极输出两个相位相反的信号作为 T_3 和 T_5 的驱动信号。输出级由 T_3、T_4、T_5 和 R_4、R_5 构成推拉式输出电路,目的是提高输出的负载能力和抗干扰能力。

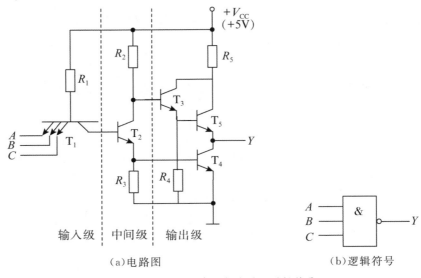

　　(a)电路图　　　　　　　　　　　(b)逻辑符号

图 1-28　TTL 与非门电路图及逻辑符号

2)TTL 与非门的工作原理

当输入 A、B、C 均为高电平(1)时,T_1 管倒置,T_1 的集电极变为发射极,发射极变为集电极,T_1 的基极电位足以使 T_1 的集电结和 T_2、T_4 的发射结导通。T_3、T_5 截止。因此,输出为低电平(0)。

只要有一个输入为低电平(0),T_1 与 A 连接的发射结正向导通,此时 T_2、T_4 均截止,而 T_3、T_5 导通。因此,输出为高电平(1)。

由上可知,输入全为 1 时,输出为 0;输入有 0 时,输出为 1。因此,这个电路是个与非门,它们之间的逻辑关系为 $Y=\overline{ABC}$。

TTL 逻辑门电路除与非门外,常用的还有集电极开路与非门、或非门、与门、或门、与或非门、异或门、三态门等,它们的逻辑功能虽各不相同,但都是在与非门的基础上发展起来的。

(2)集电极开路与非门(OC 门)

1)OC 门的电路结构

将图 1-28 中的 T_3 和 T_5 去掉,便构成了集电极开路的与非门,也叫 OC 门,其电路图及逻辑符号如图 1-29 所示。图中 T_3 的集电极是开路的,因此而得名。工作时需要在输出端 Y 和电源 V_{CC} 之间外接一个上拉电阻 R_L。

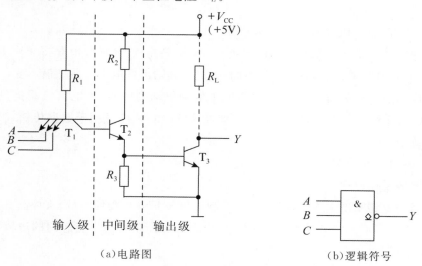

（a）电路图   （b）逻辑符号

图 1-29 集电极开路与非门电路

2)OC 门的工作原理

当输入 A、B、C 都为高电平时,T_2 和 T_3 饱和导通,输出低电平(0);当输入 A、B、C 中有一个或一个以上为低电平时,T_2 和 T_3 截止,输出高电平(1)。因此,OC 门具有与非门功能,其逻辑表达式为 $Y=\overline{ABC}$。

3)OC 门的应用

①实现线与功能。普通的 TTL 门电路的输出端不能并联使用,即输出端不能直接相连,容易损坏元器件。但用 OC 门电路就可以实现输出端直接连接,如图 1-30 所示,两个

OC 门输出端相连后经电阻 R_L 接电源 V_{cc} 的电路。

由图 1-30 可知,只有 Y_1 和 Y_2 都为高电平时,输出 Y 才为高电平;只要有一个 OC 门输出低电平,输出 Y 就为低电平,这种连接方式称为线与。

图 1-30 中 OC 门线与的逻辑关系如下:

$$Y_1 = \overline{ABC} \quad Y_2 = \overline{DEF} \quad Y = Y_1 \cdot Y_2 = \overline{ABC} \cdot \overline{DEF}$$

②驱动显示器。OC 门还可以用于驱动高电压、大电流的负载。如图 1-31 所示,OC 门驱动发光二极管发光。从图中可以看出,只有在输入都为高电平时,输出才为低电平,发光二极管导通发光,否则,输出高电平,发光二极管不亮。

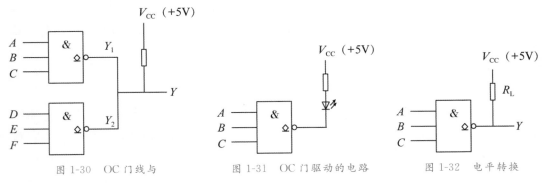

图 1-30 OC 门线与   图 1-31 OC 门驱动的电路   图 1-32 电平转换

此外,OC 门还常用来驱动继电器电路。

③实现电平转换。一般的 TTL 门电路,输出高电平的典型值是 3.6V,低电平是 0.3V,而 OC 门在空载时,可随 V_{cc} 的不同而改变,其输出低电平的典型值不变。OC 门实现电平转换如图 1-32 所示。转换后的高电平值为驱动高电压、大电流负载提供了方便,此时的 OC 门又称 OC 型驱动器(driver)/缓冲器(buffer),广泛用于数据传输或外部设备的接口系统中。

(3)三态门(TSL 门)

1)电路的工作原理

在普通门电路基础上增加控制端,用控制端信号 EN(称为使能端)来控制三态门的输出状态,使三态门有三种输出状态:高电平、低电平和高阻状态。三态门的逻辑符号如图 1-33 所示。

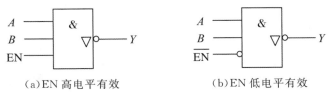

(a)EN 高电平有效   (b)EN 低电平有效

图 1-33 三态门逻辑符号

图 1-33(a)中,当 EN=1 时,该电路与普通与非门一样工作,输出高低电平,相当于允许电路正常工作;当 EN=0 时,输出处于高阻状态,此时输出既不是高电平 1 也不是低电平 0,而是输出呈现极大的电阻,从输出端 Y 看进去,对地和对电源 V_{cc} 都相当于开路。此

时的控制端 EN 为高电平有效。

图 1-33(b)中,当$\overline{EN}=0$时,该电路与普通与非门一样工作,输出高低电平;当$\overline{EN}=1$时,输出处于高阻状态。此时的控制端 EN 为低电平有效。

2)三态门的应用

①用于总线传输

如图 1-34(a)所示,n 个三态门的输出都连接到一根信号传输线上,构成单向总线。n 路信号都可以在总线上传输,但每一时刻在总线上只准许一个三态门上的输出信号传输,其余三态门均被禁止。如要传送 G_1 三态门信号,则只有$\overline{EN_1}=0$,$\overline{EN_2}=\cdots=\overline{EN_n}=1$,这样只要控制使能端信号就能达到一线多用的效果。在计算机总线结构中,这种方法的应用尤为重要。因此,当$\overline{EN_1}$、$\overline{EN_2}$、$\cdots$、$\overline{EN_n}$轮流为低电平,且任何时刻只能有一个三态门工作时,输入信号 A_1B_1、A_2B_2、$\cdots$、A_nB_n 轮流以与非关系将信号送到总线上,而其他三态门由于$\overline{EN}=1$而处于高阻状态。

②用于双向传输

如图 1-34(b)所示,利用三态门实现数据的双向传输。

当$\overline{EN}=0$ 时,G_1 门打开,G_2 门禁止,数据从 A_1 传向 A_2,即从左往右传输,$A_2=\overline{A_1}$;

当$\overline{EN}=1$ 时,G_1 禁止,G_2 打开,数据从 A_2 传向 A_1,即从右往左传输,$A_1=\overline{A_2}$。

③用作多路开关

三态门电路的输出是允许并联连接的,如图 1-34(c)所示,$\overline{EN}$是整个电路的使能端,当$\overline{EN}=0$ 时,G_1 门打开,G_2 禁止,$Y=\overline{A_1}$;当$\overline{EN}=1$ 时,G_1 禁止,G_2 打开,$Y=\overline{A_2}$。通过使能端的控制可以把 A_1、A_2 根据需要反相输出。

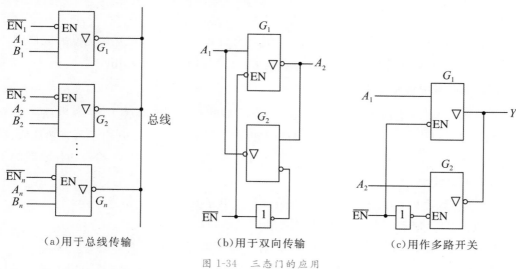

(a)用于总线传输　　　(b)用于双向传输　　　(c)用作多路开关

图 1-34　三态门的应用

2. CMOS 门电路

CMOS 门电路是互补型金属氧化物半导体集成电路,是场效应晶体管门电路的简称。它是由增强型 PMOS 管和增强型 NMOS 管组成的互补对称 MOS 门电路。

在 CMOS 集成电路中,CMOS 反相器和 CMOS 传输门是构成各种复杂 CMOS 逻辑电路的两种基本单元。CMOS 集成电路的许多基本单元电路是由 N 沟道和 P 沟道 MOS 场效应晶体管构成的,这类电路具有电压控制、功耗极低、连接方便等一系列优点。

CMOS 门电路的 MOS 管在数字电路中工作在开关状态,用作开关器件,因此,CMOS 门电路同双极型集成逻辑门电路一样,也可以制造成各种各样的集成逻辑门电路,如与门、或门、非门、与非门、或非门等,CMOS 门电路的逻辑符号及表达式与对应 TTL 的电路相同,下面不再举例说明。

1.3.3 常用集成电路及其特性

1. TTL 系列数字集成电路

在我国,TTL 数字集成电路分为 CT54 系列和 CT74 系列,两个系列具有完全相同的电路结构和电气性能参数。所不同的是 CT54 系列工作温度在 $-55\sim125℃$,为军用品;CT74 系列工作温度在 $0\sim70℃$,为民用品。在实际使用中可查阅相关技术参数选择。

TTL 门电路使用常识:

(1)电源电压:应满足在标准值 5V$(1\pm10\%)$的范围内。

(2)TTL 电路的输出端所接负载不能超过规定的扇出系数。

扇出系数是指逻辑门输出端连接同类门的最多个数。它反映了逻辑门的带负载能力。

(3)TTL 门多余输入端的处理方法:

1)TTL 门电路某输入端相当于输入高电平时,允许其悬空。

2)对于与非门,闲置输入端可通过上拉电阻接正电源,也可和已用输入端并联使用。

3)对或非门,闲置输入端可直接接地,也可和已用输入端并联使用。

2. CMOS 系列数字集成电路

在我国,CMOS 集成电路主要有 4000 系列和高速系列。高速 CMOS 电路主要有 CC54HC/CC74HC 和 CC54HCT/CC74HCT 两个子系列。4000 系列由于具有功耗低、噪声容限大等特点,已得到广泛应用,但工作速度较慢;CC54HC/74HC 系列具有较高的工作速度和驱动能力。

与 TTL 数字集成电路相比,CMOS 数字集成电路主要有如下特点。

(1)功耗低。制造工艺较简单,集成度和成品率较高。

(2)工作电源电压范围宽。CMOS4000 系列的电源电压可达 $3\sim18V$。

(3)输入阻抗高。在正常工作电压范围内,输入阻抗可达几亿欧,其驱动功率小到可以忽略不计。

(4)噪声容限大。CMOS 数字集成电路的噪声容限最大可达电源电压的 45%,最小不低于电源电压的 30%,而且随着电压的提高而增大。

(5)扇出系数大。CMOS4000 系列输出端可带 50 个以上的同类门电路。

(6)兼容性强。当配备适当的缓冲器后,能与现有的大多数逻辑电路兼容。

CMOS 门电路使用常识:

(1)电源电压。CMOS 电路的电源电压极性不可接反,否则,可能会造成电路永久性失效。

CC4000 系列的电源电压可在 $3\sim18V$ 的范围内选择,但最大不允许超过极限值 18V。电源电压选择得越高,抗干扰能力也越强。

高速 CMOS 电路中,HC 系列的电源电压在 $2\sim6V$ 的范围内选用;HCT 系列的电源电压在 $4.5\sim5.5V$ 范围内选用,且不允许超过极限值 7V。

当进行 CMOS 电路实验或对 CMOS 数字系统进行调试、测量时,应先接入直流电源,后接信号源;使用结束时,应先关信号源,后关直流电源。

(2)闲置输入端的处理。闲置输入端不允许悬空。对于与门和与非门,闲置输入端应接正电源或高电平;对于或门和或非门,闲置输入端应接地或低电平。

闲置输入端不宜与使用输入端并联使用,因为这样会增大输入电容,从而使电路的工作速度下降。但在工作速度很低的情况下,允许输入端并联使用。

(3)输出端的连接。输出端不允许直接与电源 V_{DD} 或地 V_{SS} 相连。因为电路的输出级通常为 CMOS 反相器结构,这会使输出级的 NMOS 管或 PMOS 管可能因电流过大而损坏。

为提高电路的驱动能力,可将集成芯片上相同门电路的输入端、输出端并联使用。

当 CMOS 电路输出端接大容量的负载电容时,流过管子的电流很大,可能使管子损坏。因此,需在输出端和电容之间串接一个限流电阻,以保证流过管子的电流不超过允许值。

(4)CMOS 集成电路在存放和运输时应放在导电容器或金属容器内。组装、调试时,所有的仪表、工作台面等应有良好的接地。

1.3.4　典型 TTL 集成电路及其芯片

TTL 集成电路主要有 54 系列和 74 系列两种。其中,54 系列为军用产品,74 系列为民用产品。在 54/74 系列后不加字母表示标准 TTL 电路(如 7400),如加有 L、H、S 或 LS 等字母,则分别表示低功耗、高速、肖特基和低功耗肖特基 TTL 电路(如 74H00 表示高速 TTL 电路、74LS00 表示低功耗肖特基 TTL 电路)。54/74 系列产品,只要尾数相同(如 74LS10 和 7410),则逻辑功能和引脚排列完全相同。

1.74LS00 芯片

74LS00 是四-二输入与非门,也叫双输入与非门,其芯片内部有 4 个双输入与非门,每个与非门有两个输入端、一个输出端。74LS00 芯片引脚及内部电路如图 1-35 所示。

从图 1-35 中可以看出,74LS00 芯片上有 4 个双输入与非门,一共有 14 个外部引脚,每个引脚都按照一定的顺序进行排列,其中引脚 1、2、3 对应着一个双输入与非门的输入和输出端,1A、1B 为两个输入端,1Y 为输出端,以此类推。7 脚为接地端(GND),14 脚接电源(V_{CC}),这两端为芯片提供正常工作电源。

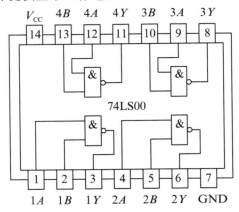

图 1-35　74LS00 芯片引脚及内部电路

2. 74LS20 芯片

74LS20 是二-四输入与非门,即芯片内部有两个四输入的与非门,每个与非门有 4 个输入端、1 个输出端。74LS20 引脚及内部电路如图 1-36 所示。

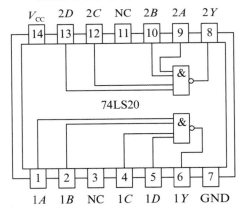

图 1-36　74LS20 引脚及内部电路

从图 1-36 中可以看出,74LS20 芯片上有两个四输入与非门,一共有 14 个外部引脚,每个引脚都按照一定的顺序进行排列,其中引脚 1、2、4、5、6 对应着一个四输入与非门的输入和输出端,1A、1B、1C、1D 为四个输入端,1Y 为输出端,以此类推。3 脚和 11 脚是空脚,在 74LS20 芯片中没有接任何内部电路,即可看作是不用脚,焊接时可悬空处理。7 脚为接地端(GND),14 脚接电源(V_{CC}),这两端为芯片提供正常工作电源。

1. 半导体二极管的开、关条件各是什么? 导通和截止时各有何特点?

2.半导体三极管的开关条件是什么？饱和导通与截止时各有何特点？

3.TTL 门多余输入端的处理方法有哪些？

4.简述 CMOS 门电路的使用注意事项。

5.指出图 1-37 所示电路中,哪一个电路能实现表达式 $Y=\overline{AB+CD}$。

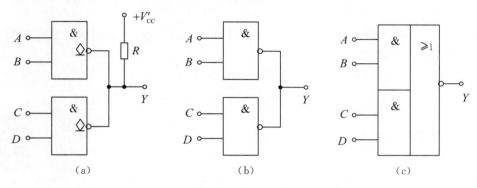

图 1-37　习题 5 图

6.由三态门、与非门构成的电路及各输入波形如图 1-38 所示,试画出 Y 的输出波形。

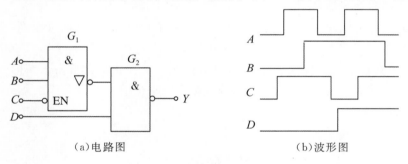

(a)电路图　　　　　(b)波形图

图 1-38　习题 6 图

实践 1　集成电路仿真实践

任务要求

本仿真实践,要求用集成电路 74LS00 四-二输入与非门进行芯片引脚的识别,并验证输入输出高低电平的变化。

任务目标

1.掌握集成电路的引脚识别;

2.会用集成芯片进行 Multisim 仿真;

3.会验证集成芯片仿真结果,并总结集成芯片功能。

1.4.1 集成电路的引脚识别

方法1:74系列集成电路一侧有一缺口,将其引脚朝下,有字的一面朝上,缺口在观察者的左侧,从上往下看集成电路,左下角为1脚,逆时针依次编号为2、3、4、5、…

方法2:将集成电路引脚朝下,有字的一面朝上,集成电路正面凹坑或色点对应的引脚为1脚,逆时针依次编号为2、3、4、5、…

方法3:若集成电路无缺口、凹坑或色点,将其引脚朝下,集成电路厂标、型号正对观察者,则从上往下看左下角为1脚,逆时针依次编号为2、3、4、5、…

1.4.2 集成电路仿真

1.74LS00芯片仿真实践

利用仿真软件Multisim 14.0对74LS00芯片进行仿真。

(1)调出所需各元器件。

1)调出74LS00。单击电子仿真软件Multisim 14.0基本界面元器件工具条上的"Place""Component"按钮,从弹出的对话框"Group"栏中选择"TTL","Family"栏中选择"74LS",再在栏中选取"74LS00D",如图1-39所示。单击对话框右上角的"OK"按钮,调出74LS00芯片的一个双输入与非门,放置在电子平台上。

如何使用
Multisim仿真
软件

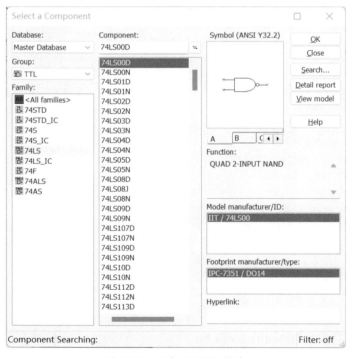

图1-39 调出74LS00芯片

2）调出电源和地线。双输入与非门的两个输入端分别接单刀双掷的开关，每个开关分别接电源 VCC 和接地 GND，代表输入一个高电平"1"和输入一个低电平"0"。

单击电子仿真软件 Multisim 14.0 基本界面元器件工具条上的"Place""Component"按钮，从弹出的对话框"Group"栏中选择"Basic"，"Family"栏中选择"SWITCH"，再在栏中选取"SPDT"，如图 1-40 所示。单击对话框右上角的"OK"按钮，调出单刀双掷的开关，放置在电子平台上。可在电子平台上找到放置好的单刀双掷的开关，单击鼠标右键，选择"复制""粘贴"，可复制另一个开关。同样，单击鼠标右键可以进行位置的旋转。

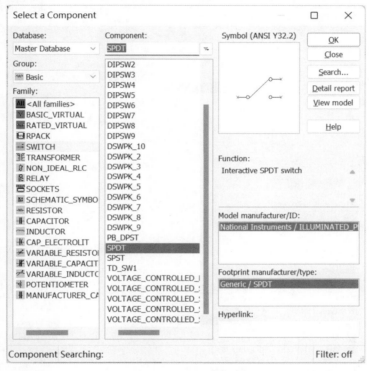

图 1-40　调出单刀双掷开关

单击电子仿真软件 Multisim 14.0 基本界面元器件工具条上的"Place""Component"按钮，从弹出的对话框"Group"栏中选择"Sources"，"Family"栏中选择"POWER_SOURCES"，再在栏中选取"VCC"和"DGND"，如图 1-41 和图 1-42 所示。单击对话框右上角的"OK"按钮，调出电源和地线，放置在电子平台上。

3）调出输出信号指示灯。输出的"高""低"电平用指示灯显示会一目了然，本仿真用"探针"作为输出信号的指示灯。

单击电子仿真软件 Multisim 14.0 基本界面元器件工具条上的"Place""Component"按钮，从弹出的对话框"Group"栏中选择"Indicators"，"Family"栏中选择"PROBE"，再在栏中选取"PROBE_RED"（可以选择不同的颜色），如图 1-43 所示。单击对话框右上角的"OK"按钮，调出输出信号指示灯，放置在电子平台上。

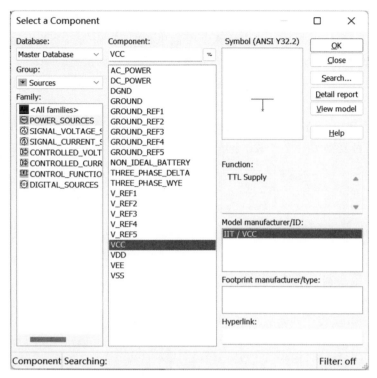

图 1-41　调出电源 V_{CC}

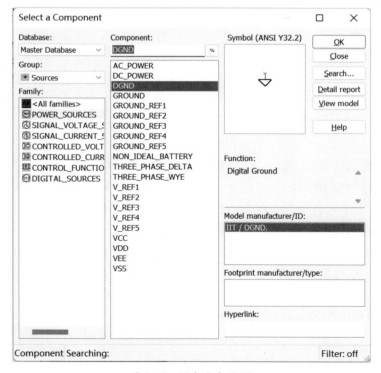

图 1-42　调出地线 GND

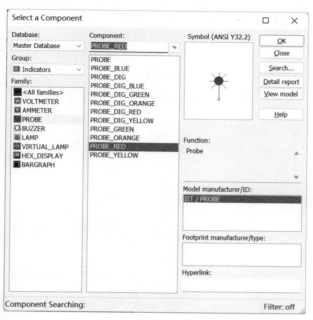

图 1-43　调出输出信号指示灯

（2）将各元器件连线，构成 74LS00 芯片的仿真电路图如图 1-44 所示。

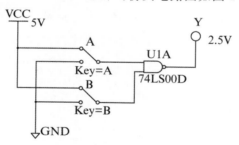

图 1-44　74LS00 芯片的仿真电路图

（3）开启仿真开关。

（4）观察仿真结果。分别将两个输入信号用单刀双掷的开关接电源 VCC 和接地 GND，观察输出信号指示灯是否点亮，指示灯亮表示输出为高电平，不亮表示输出为低电平。分析仿真结果，并将仿真结果填入表 1-29。

表 1-29　74LS00 的仿真记录

A	B	Y	A	B	Y
0	0		1	0	
0	1		1	1	

2. 74LS20 芯片仿真实践

（1）调出所需各元器件。

1）调出 74LS20。与 74LS00 操作步骤一样，最后在栏中选取"74LS20D"，如图 1-45

所示。单击对话框右上角的"OK"按钮,调出 74LS20 芯片的一个四输入与非门,放置在电子平台上。

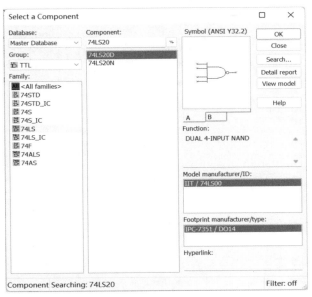

图 1-45　调出 74LS20 芯片

2)调出电源、地线、输入输出信号的步骤与 74LS00 相同,在此不再赘述。

(2)将各元器件连线,构成 74LS20 芯片的仿真电路图如图 1-46 所示。

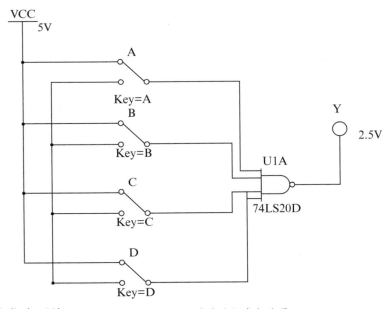

(3)开启仿真开关。　　图 1-46　74LS20 芯片的仿真电路图

(4)观察仿真结果。分别将四个输入信号用单刀双掷的开关接电源 VCC 和接地 GND,观察输出信号指示灯是否点亮,指示灯亮表示输出为高电平,不亮表示输出为低电

平。分析仿真结果,并将仿真结果填入表1-30。

表 1-30　74LS20 的检测记录

A	B	C	D	Y	A	B	C	D	Y
0	0	0	0		1	0	0	0	
0	0	0	1		1	0	0	1	
0	0	1	0		1	0	1	0	
0	0	1	1		1	0	1	1	
0	1	0	0		1	1	0	0	
0	1	0	1		1	1	0	1	
0	1	1	0		1	1	1	0	
0	1	1	1		1	1	1	1	

对于与非门来说,输入信号中如果有一个或一个以上是0则输出为1,所有输入信号全部是1时输出为0,此时可以判断该与非门逻辑功能正常,否则说明这个与非门已经损坏,应避免使用。总结与非门的逻辑功能是"有0得1,全1得0"。

实践 2　举重裁判电路的仿真实践

任务要求

本仿真实践,要求用发光二极管显示输入输出信号高低电平的变化。

任务目标

1.掌握举重裁判电路的工作原理;

2.会用芯片搭建举重裁判电路;

3.掌握用 Multisim 14.0 对举重裁判电路进行仿真,观察仿真结果,进行分析。

1.5.1　举重裁判电路的仿真

1.举重裁判电路的工作原理

(1)功能描述

当三个举重裁判中有两人以上同意时,裁判结果成立。

(2)定义输入输出函数变量

设三个举重裁判分别为变量 A、B 和 C,裁判结果为变量 Y。各个裁判同意为1,不同

三人表决器电路的工作原理

意为 0;裁判结果成立,Y 为 1,结果不成立,Y 为 0。

（3）根据逻辑关系和上述假设,列出真值表,如表 1-31 所示。

表 1-31　举重裁判电路的真值表

A B C	Y	A B C	Y
0　0　0	0	1　0　0	0
0　0　1	0	1　0　1	1
0　1　0	0	1　1　0	1
0　1　1	1	1　1　1	1

（4）根据真值表写出逻辑函数表达式。

$$Y = m_3 + m_5 + m_6 + m_7 = \overline{A}BC + A\overline{B}C + AB\overline{C} + ABC$$

（5）根据要求将上式化简并变换为与非形式。

$$Y = AB + BC + AC = \overline{\overline{AB + BC + AC}} = \overline{\overline{AB}\,\overline{BC}\,\overline{AC}}$$

（6）根据逻辑函数表达式画出原理图,就得到所要求的裁判电路,如图 1-47 所示。

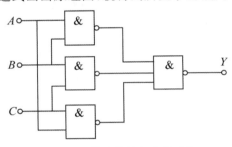

图 1-47　举重裁判电路原理图

2. 举重裁判电路的仿真

（1）电路芯片选择

从以上举重裁判电路的电路图中可以分析判断,搭建这个电路需要用到 3 个两输入的与非门和 1 个三输入的与非门,两输入的与非门可以用一个 74LS00 芯片,三输入的与非门有多种型号的芯片,如 74LS10 芯片就是一个三输入的与非门,因我们之前介绍了四输入与非门 74LS20 芯片,在这里我们可以用 74LS20 芯片作为三输入的与非门,多余的一个输入信号可以与邻近的一个输入信号并联在一起。

（2）选择元器件

1）打开仿真软件 Multisim 14.0,调出一个 74LS00 芯片中的 3 个两输入的与非门,再调出 74LS20 芯片中的 1 个四输入的与非门,单击对话框右上角的"OK"按钮,放置在电子平台上。

2）单击元器件工具条上的"Place""Component"按钮,从弹出的对话框"Group"栏中选择"Diodes","Family"栏中选择"LED",再在栏中选取"LED_red"(可以选择不同的颜色),如图 1-48 所示。单击对话框右上角的"OK"按钮,调出 3 个输入信号、1 个输出信号高低电平指示灯,放置在电子平台上。

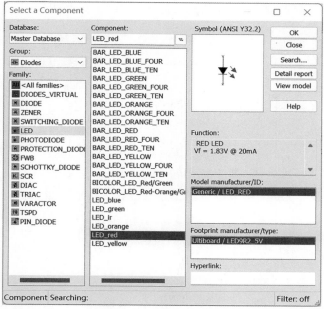

图 1-48 调出 LED 指示灯

3)每一个输入输出信号指示灯需要接一个 400Ω 的下拉电阻,做过电流保护。单击元器件工具条上的"Place""Component"按钮,从弹出的对话框"Group"栏中选择"Basic","Family"栏中选择"RESISTOR",再在栏中选取"400",如图 1-49 所示。单击对话框右上角的"OK"按钮,调出 4 个 400Ω 电阻,放置在电子平台上。

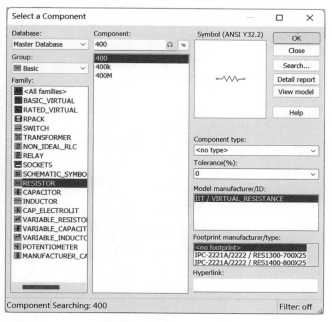

图 1-49 调出 400Ω 电阻

4）再依次调出输入信号的单刀双掷的开关、电源、接地等元器件。

（3）连接仿真电路图。按照原理图连接仿真图,如图1-50所示。

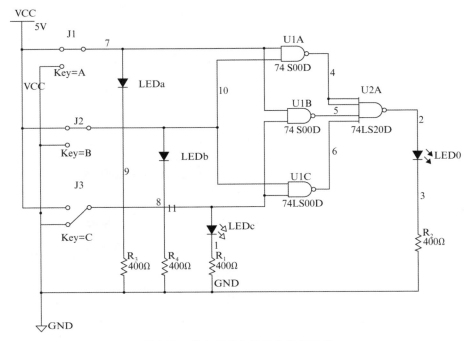

图 1-50　举重裁判电路的仿真电路图

（4）开启仿真开关。依次将三个输入信号用单刀双掷的开关接电源 V_{CC} 和接地 GND,观察输入和输出信号指示灯（发光二极管）是否点亮,分析判断输入输出信号高低电平的状态。

（5）观察仿真结果,并分析仿真结果。

实训报告

1.画出仿真电路图。

2.分析举重裁判电路的工作原理。

3.记录输入输出信号的高低电平状态,填入举重裁判电路的真值表里。

分析与讨论

1.总结本次仿真实训中遇到的问题及解决方法。

2.如果举重裁判电路设置一个主裁判,电路该如何变换?

实践3 举重裁判电路的设计与调试

三人表决器
电路的安装
及调试

任务要求

用 74LS00、74LS20 芯片设计举重裁判电路并验证电路的逻辑功能。

任务目标

· 掌握常用逻辑门电路的功能及使用方法,会用集成电路搭建简单的逻辑电路;

· 正确连接电路,学会用芯片的引脚图连接电路,在焊接板上焊接电路,并验证其逻辑功能是否正确;

· 能够排除电路中出现的故障。

1.6.1 举重裁判电路设计

1. 画出举重裁判电路芯片引脚连线图

图 1-47 是举重裁判电路原理图,图 1-50 是举重裁判电路的仿真图,在真实电路中需要用到一片 74LS00 芯片和一片 74LS20 芯片,根据原理图和仿真图画出芯片引脚连线图,如图 1-51 所示,其中输入信号为 A、B、C,输出端信号为 Y。

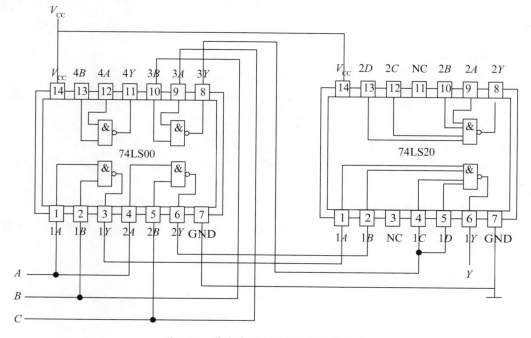

图 1-51 举重裁判电路芯片引脚连线图

2.芯片使用时注意事项

(1)电源和接地引脚不能漏,否则芯片无法正常工作。应满足在标准值 5 V(1±10%)的范围内。

(2)芯片与芯片底座配合使用,引脚编号不能错。

(3)拿法:不触摸引脚,最好用镊子撬动。

(4)TTL 门多余输入端的处理方法。

74LS20 中的四输入与非门只能用到三个输入端,对于多余的输入端可采用下述方法中的一种进行处理:

1)并联到其他输入端上。

2)接电源"+"极或者接高电平。

3)悬空。

注意:74 系列集成电路属于 TTL 门电路,其输入端悬空可视为输入高电平;CMOS门电路的多余输入端是禁止悬空的,否则容易损坏集成电路。

1.6.2　焊接并调试电路

将举重裁判电路芯片引脚连线图变成实际电路,引脚之间的连线还需要进一步优化,以使实际电路的连线尽量少,尽量减少交叉连线,而且连线需要横平竖直。

1. 实训设备与元器件

设备:直流稳压电源、万用表、剥线钳、镊子、焊烙铁等。

元器件:与非门 74LS00、74LS20 各一块,焊接板一块,400Ω 电阻 4 个,LED 发光二极管 4 个,拨码开关 3 个。

2.焊接步骤

(1)先在纸上画一个电路芯片引脚连线草图,布局优化线路之后再焊接。

(2)先把芯片底座焊接到焊接板上,不要直接焊接芯片,以免芯片烧毁。

(3)底座和芯片的引脚要对应,尤其注意引脚编号不要弄错。

(4)焊接过程中,先把主电路连好,再连接辅助电路,最后连接电源和地线。

(5)连接导线要尽量做到横平竖直,尽量不要出现斜线,导线交叉时尽量使用"跳线",以免出现短路。

(6)把电路连接好后再插入芯片。

(7)将芯片插入底座时,注意双手是否有静电。将芯片的所有引脚按压整齐,才能顺利插入底座。

3.其他注意事项

(1)三个裁判用三个拨码开关表示,裁判的结果以及三个开关的输入状态用发光二极管表示。

（2）拨码开关有三个连线端,中间脚为共用脚,类似于单刀双掷开关的共用端,连接芯片的输入信号端,其余两脚分别连接电源和地线。

（3）发光二极管在使用时要注意正负极,同时发光二极管连接电源正负极时,要注意连接限流电阻,以免电流过大烧毁。

4. 电路功能检测

将焊接好的电路接通直流电源,拨动输入端 A、B、C 的电平开关进行不同的组合,观察发光二极管指示灯的亮灭,验证电路的逻辑功能并记入表 1-32 中。

表 1-32　举重裁判电路功能检测记录

A	B	C	Y	A	B	C	Y
0	0	0		1	0	0	
0	0	1		1	0	1	
0	1	0		1	1	0	
0	1	1		1	1	1	

如果输出结果与输入中的多数一致,则表明电路功能正确,即多数人同意(电路中用"1"表示),裁判结果为通过;多数人不同意(电路中用"0"表示),裁判结果为不通过。

5. 电路调试与故障排除

如果电路功能不正确,学会用万用表从以下几方面来排除故障:

检查电路连接是否有误。实际中大部分电路故障都是由于电路连接错误造成的,电路出现故障后首先应对照电路图,根据信号的流程由输入到输出逐级检查,找出引起故障的原因。常见连接故障有连线错误、短路、断路、没有连接电源线等。

检查元器件是否有损坏。在实际中许多元器件是重复使用的,或者购买时就是损坏件,所使用的元器件即使型号、外观都无异常,但它的内部可能已经损坏,因此,在确认电路没有连接故障后,如果仍不能正常工作,这时应检测集成电路、发光二极管、电阻、拨码开关等本身是否损坏。

检查直流稳压电源供电是否正常。有时问题可能出在实验室提供的直流稳压电源上,应用万用表检测直流稳压电源供电是否在规定的范围之内。

6. 实训报告

（1）画出芯片引脚连线的实际电路图;

（2）焊接电路正反面照片;

（3）电路功能演示视频;

（4）电路功能检测记录;

（5）调试和故障排除记录及心得体会。

1. 如何判断一个 74LS20 门电路的好坏？
2. 设计一个带主裁判的举重裁判电路，进行仿真验证，记录仿真结果。

项目小结

　　人们日常生活中使用十进制数，在数字系统中多数情况下使用二进制数，本项目介绍了二进制数、八进制数、十六进制数，以及它们与十进制数之间的转换，介绍了在数字电路中常用的几种编码。

　　最基本的逻辑门电路有与门、或门和非门。在数字集成电路中，常用的门电路有与非门、或非门、与或非门、异或门、三态输出门等。门电路是组成各种复杂逻辑电路的基础，掌握常用集成逻辑门电路的逻辑功能和外部电气特性对学习和使用数字电路是很有帮助的。本项目介绍了目前广泛应用的 TTL 和 CMOS 两类逻辑门电路，在实际使用逻辑门电路时，应注意闲置输入端的正确连接。

项目2 优先数显电路的设计与制作

在数字系统中信号都以二进制数形式表示,并以二进制数形态输入、处理、传递、输出和保存,我们人类无法直接通过二进制数获取相关的信息。本项目将数字系统中的各种人机交互中的信息输出,通过数码显示电路直观地以人类熟悉的十进制数形式或者字符的形式显示出来。能实现数码显示的方法有很多种,通过本项目各专题的介绍,最终将给出数码显示电路的多种方案,可以更好地理解数码显示电路。

数码显示电路在实际生活中随处可见。例如,运动场馆中的记分牌,实时记录比赛中双方的得分;红绿灯的剩余时间显示电路,可以用数字显示出红绿灯的持续时间等;数字钟表,显示当前的北京时间(即东八区时间 UTC/GMT＋8.00)。通过本项目简单数码显示电路的学习,大家可以自行设计日常生活中的各种常见数码显示电路。

项目介绍

数码显示电路是电子产品系统人机交互中不可或缺的组成单元,通过数码显示电路,可以方便学生直观地了解组合逻辑电路的逻辑结构、工作原理和显示结果等。数码显示电路的学习是数字电子技术学习中一个非常重要的环节。

本章介绍数字系统中的组合逻辑电路。首先介绍组合逻辑电路的特点和功能描述方法,重点介绍组合逻辑电路的分析方法、组合逻辑电路的设计方法以及利用无关项的组合逻辑电路的设计方法,着重介绍数字系统中常用的组合逻辑电路以及相应的中规模集成电路芯片。此外,还给出了用 Multisim 软件分析设计组合逻辑电路的实例。

由给定组合电路找出其实现的逻辑功能,根据逻辑命题来设计组合电路,以及数字系统中经常用到的组合电路的原理及应用是本章学习的重点。

项目要求

用组合逻辑电路设计一个能够显示数字信号的电路,且实现优先数码显示的功能。

利用组合逻辑电路分析方法分析一个数码显示电路,并且能够写出其组合逻辑方程。

利用 Multisim 软件设计一个属于自己的数码显示电路,并进行仿真实验。

⏱ 项目目标

- 了解组合逻辑电路的特点和功能描述方法；
- 掌握组合逻辑电路的功能和电路结构的特点；
- 掌握组合逻辑电路的分析和设计方法；
- 掌握利用无关线的组合逻辑电路的设计方法；
- 掌握几种常用组合逻辑电路的基本功能和使用方法；
- 运用组合逻辑电路的知识完成项目要求；
- 了解用 Multisim 软件分析设计组合逻辑电路的方法。

专题 1 组合逻辑电路

▷ 专题要求

在学习组合逻辑电路分析和设计方法的基础上，能够独立设计简单的组合逻辑电路。

▷ 专题目标

- 了解组合逻辑电路的基本概念和知识；
- 掌握组合逻辑电路的分析方法；
- 掌握组合逻辑电路的设计方法，熟练运用门电路进行组合逻辑电路的设计；
- 熟悉加法器的工作原理，熟练分析和应用集成加法器。

2.1.1 组合逻辑电路的概念

在逻辑电路中，任意时刻的输出状态只取决于该时刻的输入状态，而与输入信号作用之前的电路状态无关，这种电路称为组合逻辑电路，如图 2-1 所示。

图2-1 组合逻辑电路示意图

由图 2-1 可以看出，组合逻辑电路可以有多个输入端、多个输出端。输出与输入之间的关系可以表示为

$$\begin{cases} Y_1 = f_1(A_1, A_2, A_3, \cdots, A_n) \\ Y_2 = f_2(A_1, A_2, A_3, \cdots, A_n) \\ \quad\quad\quad\quad\vdots \\ Y_n = f_n(A_1, A_2, A_3, \cdots, A_n) \end{cases}$$

组合逻辑电路由各类最基本的逻辑门电路组合而成。

特点：组合逻辑电路在任一时刻的输出，取决于该时刻的输入值，而与电路该时刻之前的输入信号状态无关，即电路没有记忆功能，输出状态随着输入状态的变化而变化，类似于电阻性电路，例如加法器、译码器、编码器、数据选择器等都属于此类电路。

2.1.2 组合逻辑电路的分析方法

组合逻辑电路的分析就是根据给定的逻辑电路，找出输出函数与输入函数之间的逻辑关系，或是检验所设计的电路是否能实现预定的逻辑功能，并对功能进行描述。组合逻辑电路分析步骤如下。

1. 由逻辑电路写出逻辑表达式

组合逻辑电路
的分析方法

根据逻辑图写出输出逻辑表达式由输入端逐级向后推（或从输出端向前推到输入端），写出每个门的输出逻辑表达式，最后写出组合逻辑电路的输出与输入之间的逻辑表达式。有时需要对逻辑表达式进行适当的化简或变换，以使逻辑关系简单明了。较简单的逻辑功能从逻辑表达式上即可分析出来。

2. 列出逻辑函数的真值表

列出输入逻辑变量的全部取值组合，求出对应的输出值，填入表中得到真值表。

3. 分析逻辑功能

根据逻辑表达式或真值表确定电路的逻辑功能，并对功能进行表示。

组合逻辑电路的分析过程如图 2-2 所示。

图 2-2 组合逻辑电路的分析过程

【**例 2.1**】 组合逻辑电路如图 2-3 所示，试分析该电路的逻辑功能。

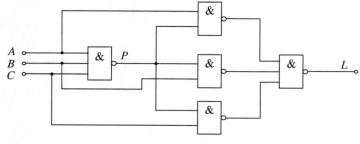

图 2-3 例 2.1 电路图

解 1)由逻辑图逐级写出输出逻辑表达式。为了写表达式方便,借助中间变量 P。

$$P = \overline{ABC}$$

$$L = AP + BP + CP = A\,\overline{ABC} + B\,\overline{ABC} + C\,\overline{ABC}$$

2)化简与变换:

$$L = \overline{ABC}(A + B + C) = \overline{\overline{ABC} + \overline{A + B + C}} = \overline{\overline{ABC} + \overline{ABC}}$$

3)由逻辑函数表达式,列出真值表,见表2-1。

表 2-1 例 2.1 真值表

A	B	C	L	A	B	C	L
0	0	0	0	1	0	0	1
0	0	1	1	1	0	1	1
0	1	0	1	1	1	0	1
0	1	1	1	1	1	1	0

4)分析逻辑功能。

当 A、B、C 三个变量相同时,电路输出为"0",三个变量不一致时,电路输出为"1",所以这个电路称为"判不一致电路"。

【例2.2】 组合逻辑电路如图2-4所示,试分析其逻辑功能。

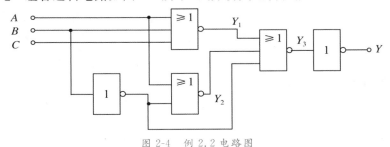

图 2-4 例 2.2 电路图

解 1)由逻辑图写出输出逻辑表达式:

$$Y_1 = \overline{A + B + C} \qquad Y_2 = \overline{A + \overline{B}} \qquad Y_3 = \overline{Y_1 + Y_2 + \overline{B}}$$

$$Y = \overline{Y_3} = Y_1 + Y_2 + \overline{B} = \overline{A + B + C} + \overline{A + \overline{B}} + \overline{B}$$

2)变换与化简:

$$Y = \overline{ABC} + \overline{A}B + \overline{B} = \overline{A}B + \overline{B} = \overline{A} + \overline{B}$$

3)列真值表,见表2-2。

表 2-2 例 2.2 真值表

A	B	C	Y	A	B	C	Y
0	0	0	1	1	0	0	1
0	0	1	1	1	0	1	1
0	1	0	1	1	1	0	0
0	1	1	1	1	1	1	0

4）电路的逻辑功能。

电路的输出 Y 只与输入 A、B 有关,而与输入 C 无关。

Y 和 A、B 的逻辑关系为:A、B 中只要一个为 0,$Y=1$;A、B 全为 1 时,$Y=0$。所以 Y 和 A、B 的逻辑关系为与非运算的关系。

组合逻辑电路的设计方法

2.1.3　组合逻辑电路的设计方法

组合逻辑电路的设计过程与分析过程相反,组合逻辑电路的设计就是根据给定的逻辑要求,画出最合理地实现该逻辑功能的逻辑图。最合理指的是以电路简单,所用器件个数最少,而且连线最少为目标,即逻辑表达式中乘积项的个数最少,且乘积项中变量的个数也最少。因此,在设计过程中要用到前面介绍的公式化简法和卡诺图化简法来化简或转换逻辑函数。根据以上要求,设计组合逻辑电路的一般步骤大致如下:

（1）逻辑抽象

根据对电路逻辑功能的要求,列出真值表。在列真值表之前,要根据给出的逻辑功能选定哪些作为逻辑变量（一般把原因、条件等作为逻辑变量）,哪些作为逻辑函数（把结果作为逻辑函数）,并且要给这些逻辑变量和逻辑函数赋值（规定 0、1 的具体含义）。这是列真值表的依据,是必不可少的。

（2）逻辑化简和逻辑变换

由真值表写出逻辑表达式。如果用公式化简法对逻辑函数进行化简,则必须写出逻辑表达式,然后再化简;如果用卡诺图化简法进行化简,则可以由真值表直接填卡诺图。如果对电路有特殊的要求,例如只可以用与非门实现逻辑函数,就需要对得到的最简单的与或表达式进行相应的变换。

（3）画逻辑图

根据变换后的逻辑表达式绘制逻辑电路图。

组合逻辑电路的设计过程如图 2-5 所示。

图 2-5　组合逻辑电路的设计过程

【例 2.3】　用与非门设计一个楼上、楼下开关的控制逻辑电路,来控制楼梯上的电灯。在上楼前用楼下开关打开电灯,上楼后用楼上开关关灭电灯;或者在下楼前用楼上开关打开电灯,下楼后用楼下开关关灭电灯。

解　1）列真值表。

设楼上开关为 A,楼下开关为 B,灯泡为 Y。并设 A、B 闭合时为 1,断开时为 0;灯亮时 Y 为 1,灯灭时 Y 为 0。根据逻辑要求列出真值表,见表 2-3。

表 2-3　例 2.3 真值表

A	B	L	A	B	L
0	0	0	1	0	1
0	1	1	1	1	0

2）由真值表写出逻辑表达式：$Y=\overline{A}B+A\overline{B}$

3）变换：$Y=\overline{\overline{\overline{A}B}\cdot\overline{A\overline{B}}}=\overline{\overline{AB}\cdot B\cdot A\cdot\overline{AB}}$

4）画出逻辑图，如图 2-6 所示。此设计也可以由异或门实现，如图 2-7 所示。

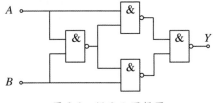

图 2-6　例 2.3 逻辑图

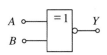

图 2-7　用异或门实现的逻辑图

【例 2.4】　设计一个电话机信号控制电路，电路有 I_0（火警）、I_1（盗警）和 I_2（日常业务）三种输入信号，通过排队电路分别从 L_0、L_1、L_2 输出，在同一时间只能有一个信号通过。如果同时有两个以上信号出现，应首先接通火警信号，其次为盗警信号，最后是日常业务信号。试按照上述轻重缓急设计该信号控制电路，要求用与非门实现。

解　1）列真值表，见表 2-4。对于输入，设有信号为逻辑"1"，无信号为逻辑"0"。对于输出，设允许通过为逻辑"1"，不允许通过为逻辑"0"。

表 2-4　例 2.4 真值表

输入			输出		
I_0	I_1	I_2	L_0	L_1	L_2
0	0	0	0	0	0
1	×	×	1	0	0
0	1	×	0	1	0
0	0	1	0	0	1

由真值表写出各输出的逻辑表达式：

$$L_0=I_0 \qquad L_1=\overline{I_0}I_1 \qquad L_2=\overline{I_0\,I_1}I_2$$

这三个表达式已经是最简单了，无须再进行化简。但需要同时用非门和与门实现，且需要用三输入与门才能实现，故不符合设计要求。

3）根据要求，将上式转换为与非表达式：

$$L_0=I_0 \qquad L_1=\overline{\overline{\overline{I_0}I_1}} \qquad L_2=\overline{\overline{\overline{I_0\,I_1}I_2}}=\overline{\overline{I_0\,I_1}\,I_2}$$

4）画出逻辑图，如图 2-8 所示。

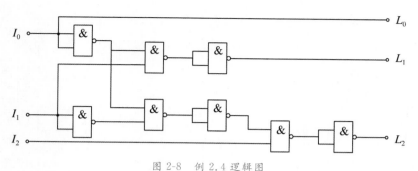

图 2-8　例 2.4 逻辑图

【例 2.5】　设计一个三人表决器电路,结果按"少数服从多数"的原则决定。

解　1)根据设计要求建立该逻辑函数的真值表。设三人的意见为变量 A、B、C,表决结果为函数 L。对变量及函数进行如下状态赋值:对于变量 A、B、C,设同意为逻辑"1",不同意为逻辑"0"。对于函数 L,假设事情通过为逻辑"1",没通过为逻辑"0"。列出真值表,见表 2-5。

表 2-5　例 2.5 真值表

A	B	C	L	A	B	C	L
0	0	0	0	1	0	0	0
0	0	1	0	1	0	1	1
0	1	0	0	1	1	0	1
0	1	1	1	1	1	1	1

(2)由真值表写出逻辑表达式: $L=\overline{A}BC+A\,\overline{B}C+AB\,\overline{C}+ABC$。该逻辑表达式不是最简的。

3)化简。由于卡诺图化简法较方便,故一般用卡诺图化简法进行化简。将该逻辑函数填入卡诺图,如图 2-9 所示,合并最小项,得最简与或表达式: $L=AB+BC+AC$。

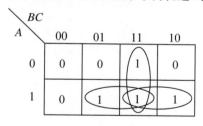

图 2-9　例 2.5 逻辑表达式

4)画出逻辑图如图 2-10(a)所示。

如果要求用与非门实现该逻辑电路,就应将表达式转换成与非表达式:

$$L=AB+BC+AC=\overline{\overline{AB}\cdot\overline{BC}\cdot\overline{AC}}$$

由表达式画出逻辑图,如图 2-10(b)所示。

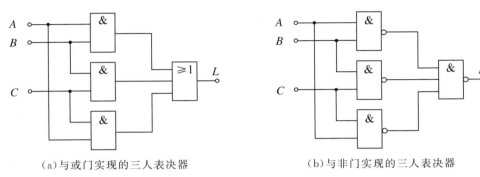

（a）与或门实现的三人表决器　　　　　　（b）与非门实现的三人表决器

图 2-10　例 2.5 逻辑图

【例 2.6】　有 O、A、B、AB 四种基本的血型，输血者与献血者的血型必须符合下列原则：O 型血是万能输血者，可以输给任意血型的人，但 O 型血的人只接收 O 型血；AB 型血是万能受血者，可以接受所有血型的血。输血者和受血者之间的血型关系如图 2-11 所示。试用"非"门和"与非"门设计一个组合电路，以判别一对输、献血者是否相容。

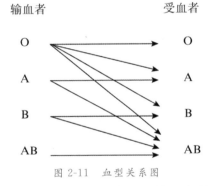

图 2-11　血型关系图

解　1）逻辑抽象。用 C、D 的四种变量组合表示输血者的 4 种血型。用 E、F 的四种变量组合表示受血者的 4 种血型。如表 2-6 所示。

表 2-6　用字母表示血型关系

输血者		受血者		血型
C	D	E	F	
0	0	0	0	O
0	1	0	1	A
1	0	1	0	B
1	1	1	1	AB

根据表 2-6 可以列出输出逻辑函数 Y 与输入变量 C、D、E、F 之间关系的简化真值表。如表 2-7 所示。

表 2-7　简化真值表

C	D	E	F	Y
0	0	×	×	1
0	1	0	1	1
1	0	1	0	1
×	×	1	1	1

根据表 2-7,可以抽象出逻辑函数表达式为

$$Y=\overline{C}\,\overline{D}+\overline{C}D\,\overline{E}\,\overline{F}+C\,\overline{D}\,E\,\overline{F}+EF$$

2)逻辑化解。用图 2-12 所示的卡诺图化简式可得最简"与或"式为

$$Y=\overline{C}\,\overline{D}+EF+\overline{C}F+\overline{D}E$$

3)逻辑变换。对最简"与或"式进行"与非－与非"变换,得到

$$Y=\overline{C}\,\overline{D}+EF+\overline{C}F+\overline{D}E=\overline{\overline{\overline{C}\,\overline{D}+EF+\overline{C}F+\overline{D}E}}=\overline{\overline{\overline{C}\,\overline{D}}\cdot\overline{EF}\cdot\overline{\overline{C}F}\cdot\overline{\overline{D}E}}$$

4)画逻辑图。根据 Y 的最简"与非－与非"表达式,可绘制如图 2-13 所示的逻辑图。

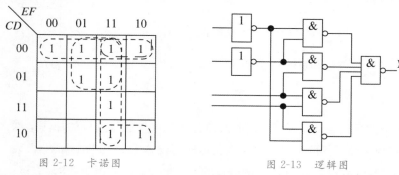

图 2-12　卡诺图　　　　　　　　图 2-13　逻辑图

通过上面几个例子的分析,我们可以发现在实际设计逻辑电路时,有时并不是表达式最简单就能满足设计要求,还应考虑所使用集成器件的种类,将表达式转换为能用所要求的集成器件实现的形式,并尽量使所用集成器件最少,就是设计步骤框图所说的"最合理表达式"。

2.1.4　加法器

完成二进制数加法运算的单元电路称为加法器。二进制加法器是数字系统的基本逻辑部件之一。两个二进制数之间的加、减、乘、除等算术运算,最后都可以化作加法器来实现。加法器按照所实现的逻辑功能不同,分为半加器和全加器。

1.1 位加法器

(1)半加器

如果不考虑来自低位的进位而将两个一位二进制数相加,称为半加。实现半加运算

半加器

的逻辑电路叫作半加器。半加器不考虑低位向本位的进位,因此它有两个输入端和两个输出端。若用 A 和 B 表示两个加数输入,和为 S,向高位的进位为 C。半加器的真值表见表 2-8。

表 2-8　半加器的真值表

输入		输出		输入		输出	
A	B	S	C_0	A	B	S	C_0
0	0	0	0	1	0	1	0
0	1	1	0	1	1	0	1

由真值表写出各输出的逻辑表达式为
$$S = \overline{A}B + A\overline{B} = A \oplus B \qquad C_0 = AB$$

画出半加器的逻辑图,如图 2-14(a)所示(用异或门和与门构成),半加器的逻辑符号如图 2-14(b)所示。

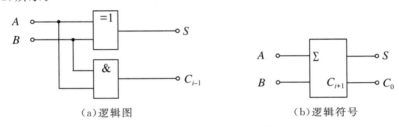

(a)逻辑图　　　　　　　　　　(b)逻辑符号

图 2-14　半加器的逻辑图及逻辑符号

（2）全加器

如果不仅考虑两个一位二进制数相加,而且考虑来自低位进位的加法运算称为全加。实现全加运算的逻辑电路叫作全加器。设 A 和 B 为两个加数,C_i 表示低位向本位的进位,和为 S,向高位的进位为 C。全加器的真值表 2-9。

全加器

表 2-9　全加器的真值表

输入			输出		输入			输出	
A	B	C_i	S	C_0	A	B	C_i	S	C_0
0	0	0	0	0	1	0	0	1	0
0	0	1	1	0	1	0	1	0	1
0	1	0	1	0	1	1	0	0	1
0	1	1	0	1	1	1	1	1	1

从真值表可得到如下逻辑表达式:
$$S = \sum m(1,2,4,7) \qquad C_0 = \sum m(3,5,6,7)$$

化简后为 $S = A \oplus B \oplus C_i$
$$C_0 = AB + AC_i + BC_i$$

由逻辑表达式可画出全加器的逻辑图及逻辑符号，如图 2-15 所示。

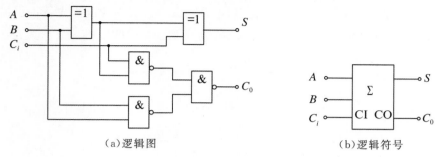

（a）逻辑图　　　　　　　　　　　（b）逻辑符号

图 2-15　全加器的逻辑图及逻辑符号

该电路能完成 1 位二进制数的全加运算，所以称为全加器。全加器和半加器的主要区别在于半加器不考虑低位送来的进位，全加器要考虑低位送来的进位。

2. 多位加法器

（1）串行进位加法器

两个多位二进制数进行加法运算时，前面讲到的全加器是不能完成的，必须把多个这样的全加器连接起来使用。由全加器的串联可构成 n 位加法器，每个全加器表示 1 位二进制数，构成方法是依次将低位全加器的进位输出端 CO 连接到高位全加器的进位输入端 CI。对于这种加法器，每一位的相加结果都必须等到低位的进位产生之后才能形成，即进位在各级之间是串联关系，所以称为串行进位加法器，其结构如图 2-16 所示。

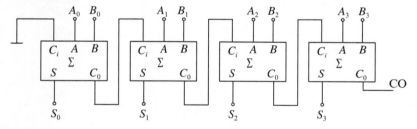

图 2-16　串行进位加法器的结构示意图

由于此电路的进位是从低位到高位依次连接而成的，必须等到低位的进位产生并送到相邻的高位以后，相邻的高位才能进行加法运算，所以串行进位加法器的缺点是运算速度比较慢，只能用于对工作速度要求不高的场合。串行进位加法器的优点是电路结构简单。

（2）先行进位加法器

为了提高运算速度，必须设法减小由于进位引起的时间延迟，通常使用先行进位并行加法器。中规模集成电路 74LS283 就是 4 位二进制先行进位加法器，其逻辑符号如图 2-17 所示。

其中 $A_4 \sim A_1$、$B_4 \sim B_1$ 分别为 4 位加数和被加数的输入端，$S_4 \sim S_1$ 为 4 位和的输出端，CI 为最低进位输入端，CO 为向高位输送进位的输出端。先行进位加法器的运算速度高的主要原因在于，进位信号不再是逐级传递，而是采用超前进位技术。各级进位信号仅由加数、被加数和最低位信号 CI 决定,而与其他进位无关,这就有效地提高了运算速度。需要注意的是,加法器速度越高,位数越多,电路越复杂。目前中规模先行进位加法器多为 4 位,若要实现更多位的加法运算,需将多个 4 位加法器串联使用。

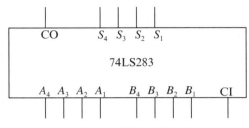

图 2-17　74LS283 的逻辑符号

　　一块 74LS283 只能完成 4 位二进制数的加法运算,但把若干块级联起来,就可以构成更多位数的加法器电路。由两块 74LS283 级联构成的 8 位加法器电路如图 2-18 所示,其中块(1)为低位块,块(2)为高位块。同理,可以把四块 74LS283 级联起来,构成 16 位加法器电路。

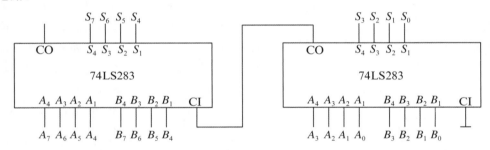

图 2-18　两块 74LS283 级联构成的 8 位加法器电路

　　1.组合逻辑电路在结构和功能上有什么特点?

　　2.如何用两个半加器电路外加额外的门电路构成全加器电路?

　　3.使用先行进位加法器 74LS283 设计一个代码转换电路,以将余 3 码转换为 8421 码。

专题 2　编码器

▷ 专题要求

　　学习编码方法和常用编码器功能分析,掌握编码器的使用。

1. 了解编码器的基本概念和定义；
2. 熟悉编码器的工作原理和内部构成；
3. 掌握编码器的使用方法和应用。

所谓编码，就是在选定的一系列二进制代码中，赋予每个二进制数码以固定的含义。能完成编码功能的逻辑电路通称为编码器。编码器按照被编信号的不同特点和要求，有各种不同的类型，最常见的有普通二进制编码器、二进制优先编码器和二-十进制优先编码器等。在数字系统中，通常采用若干位二进制代码对编码器。编码要表示的信息越多，二进制代码的位数就越多。

2.2.1　二进制编码器

二进制编码器

能够将各种输入信息编成二进制代码的电路称为二进制编码器。用 n 位二进制代码对 2^n 个相互排斥的信号进行编码的电路，称为二进制普通编码器。由于 n 位二进制代码可以表示 2^n 种不同的状态，所以，2^n 个输入信号只需要 n 个输出就可以完成编码工作。编码器是一种多输入、多输出的组合逻辑电路，在任意时刻编码器一般只能有一个输入端有效（存在有效输入信号）。例如，当确定输入高电平有效时，则应当只有一个输入信号为高电平，其余输入信号均为低电平（无效信号）。

【例 2.7】　设计一个 8 线-3 线编码器。

解　由题意知，该电路应有 8 个输入端，3 个输出端，是一个二进制编码器。用 $X_0 \sim X_7$ 表示 8 路输入，$Y_0 \sim Y_2$ 表示 3 路输出。原则上编码方式是随意的，比较常见的编码方式是按二进制数的顺序编码。设输入、输出信号均为高电平有效，列出 8 线-3 线编码器的真值表，见表 2-10。

8 线-3 线编码器

表 2-10　8 线-3 线编码器真值表

输入								输出		
X_7	X_6	X_5	X_4	X_3	X_2	X_1	X_0	Y_2	Y_1	Y_0
0	0	0	0	0	0	0	1	0	0	0
0	0	0	0	0	0	1	0	0	0	1
0	0	0	0	0	1	0	0	0	1	0
0	0	0	0	1	0	0	0	0	1	1
0	0	0	1	0	0	0	0	1	0	0
0	0	1	0	0	0	0	0	1	0	1
0	1	0	0	0	0	0	0	1	1	0
1	0	0	0	0	0	0	0	1	1	1

由真值表可以发现,8 个输入变量之间是相互排斥的关系(即一组变量中只有一个取值为 1),所以可以求出

$$Y_2 = X_4 + X_5 + X_6 + X_7$$
$$Y_1 = X_2 + X_3 + X_6 + X_7$$
$$Y_0 = X_1 + X_3 + X_5 + X_7$$

图 2-16 即为分别用或门和与非门实现该逻辑功能的逻辑图。

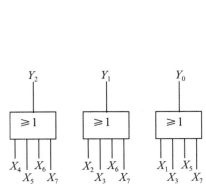

（a）用或门实现 8 线-3 线编码器

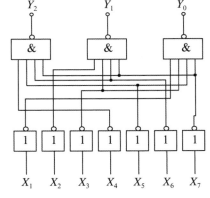

（b）用与非门实现 8 线-3 线编码器

图 2-19　实现功能的逻辑图

2.2.2　优先编码器

优先编码器

普通二进制编码器虽然电路结构比较简单,但当两个或者更多输入信号同时有效时,其输出将是不可预知的,而优先编码器则不同,它允许几个信号同时输入。当多于一个信号同时出现时,只对其中定义为优先级最高的信号进行编码,这样的编码器称为二进制优先编码器。至于优先级别的高低,完全由设计人员根据各输入信号的轻重缓急情况而决定。

【例 2.8】　设计一个 8421BCD 优先编码器。

解　由题意知,8421BCD 优先编码器具有 10 个输入,分别用 $Y_0 \sim Y_9$ 表示十进制数 0 $\sim$9;有 4 个输出,分别用 A、B、C、D 表示输出的 8421BCD 码。由于优先编码器只对输入信号中优先级别最高的输入信号编码,这里设定,数值越大,优先级别越高,即不管低位信号取何值,只要高位信号有效,则编码器就接受高位信号的请求。列出该优先编码器的真值表,见表 2-11。

表 2-11　8421BCD 优先编码器的真值表

输入									输出				
Y_9	Y_8	Y_7	Y_6	Y_5	Y_4	Y_3	Y_2	Y_1	Y_0	A	B	C	D
0	0	0	0	0	0	0	0	0	1	0	0	0	0
0	0	0	0	0	0	0	0	1	×	0	0	0	1
0	0	0	0	0	0	0	1	×	×	0	0	1	0
0	0	0	0	0	0	1	×	×	×	0	0	1	1
0	0	0	0	0	1	×	×	×	×	0	1	0	0
0	0	0	0	1	×	×	×	×	×	0	1	0	1
0	0	0	1	×	×	×	×	×	×	0	1	1	0
0	0	1	×	×	×	×	×	×	×	0	1	1	1
0	1	×	×	×	×	×	×	×	×	1	0	0	0
1	×	×	×	×	×	×	×	×	×	1	0	0	1

根据真值表得出逻辑函数表达式为

$$A = Y_9 + \overline{Y_9}Y_8 = Y_9 + Y_8$$

$$B = \overline{Y_9Y_8}Y_7 + \overline{Y_9Y_8Y_7}Y_6 + \overline{Y_9Y_8Y_7Y_6}Y_5 + \overline{Y_9Y_8Y_7Y_6Y_5}Y_4$$

$$= \overline{Y_9Y_8}(Y_7 + Y_6 + Y_5 + Y_4)$$

$$C = \overline{Y_9Y_8}Y_7 + \overline{Y_9Y_8Y_7}Y_6 + \overline{Y_9Y_8Y_7Y_6Y_5Y_4}Y_3 + \overline{Y_9Y_8Y_7Y_6Y_5Y_4Y_3}Y_2$$

$$= \overline{Y_9Y_8}(Y_7 + Y_6 + \overline{Y_5Y_4}Y_3 + \overline{Y_5Y_4}Y_2)$$

$$D = Y_9 + \overline{Y_9Y_8}Y_7 + \overline{Y_9Y_8Y_7Y_6}Y_5 + \overline{Y_9Y_8Y_7Y_6Y_5Y_4}Y_3 + \overline{Y_9Y_8Y_7Y_6Y_5Y_4Y_3Y_2}Y_1$$

$$= Y_9 + \overline{Y_8}(Y_7 + \overline{Y_6}Y_5 + \overline{Y_6Y_4}Y_3 + \overline{Y_6Y_4Y_2}Y_1)$$

同学们可以根据优先编码器的函数表达式,参照以上编码器自行完成 8421BCD 优先编码器的电路图。在实际的工程设计中大多采用专用的编码器芯片来实现编码的逻辑功能。

将十进制数 0～9 编成二进制代码的电路就是二-十进制编码器。下面以 74LS147 二-十进制(8421RCD)优先编码器为例加以介绍。

74LS147 编码器的引脚图及逻辑符号如图 2-20 所示。

74LS147 编码器的逻辑功能表见表 2-12。由该表可见,编码器有 9 个输入端($\overline{I_1}$~ $\overline{I_9}$)和 4 个输出端($\overline{Y_3}$、$\overline{Y_2}$、$\overline{Y_1}$、$\overline{Y_0}$)。其中,$\overline{I_9}$ 状态信号级别最高,$\overline{I_1}$ 状态信号级别最低。 $\overline{Y_3}$、$\overline{Y_2}$、$\overline{Y_1}$、$\overline{Y_0}$ 为编码器输出端,以反码输出,$\overline{Y_3}$ 为最高位,$\overline{Y_0}$ 为最低位。一组 4 位二进制 代码表示 1 位十进制数。有效输入信号为低电平。若无有效信号输入,即 9 个输入信号 全为"1",代表输入的十进制数是 0,则输出 $\overline{Y_3Y_2Y_1Y_0}$=1111(0 的反码)。若 $\overline{I_1}$~$\overline{I_9}$ 有有效 信号输入,则根据输入信号的优先级别输出级别最高的信号的编码。

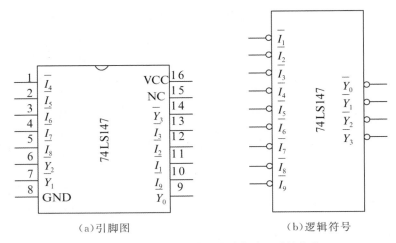

(a)引脚图　　　　　　　　(b)逻辑符号

图 2-20　74LS147 编码器的引脚图及逻辑符号

表 2-12　74LS147 编码器的逻辑功能

输入									输出			
$\overline{I_9}$	$\overline{I_8}$	$\overline{I_7}$	$\overline{I_6}$	$\overline{I_5}$	$\overline{I_4}$	$\overline{I_3}$	$\overline{I_2}$	$\overline{I_1}$	$\overline{Y_3}$	$\overline{Y_2}$	$\overline{Y_1}$	$\overline{Y_0}$
1	1	1	1	1	1	1	1	1	1	1	1	1
0	×	×	×	×	×	×	×	×	0	1	1	0
1	0	×	×	×	×	×	×	×	0	1	1	1
1	1	0	×	×	×	×	×	×	1	0	0	0
1	1	1	0	×	×	×	×	×	1	0	0	1
1	1	1	1	0	×	×	×	×	1	0	1	0
1	1	1	1	1	0	×	×	×	1	0	1	1
1	1	1	1	1	1	0	×	×	1	1	0	0
1	1	1	1	1	1	1	0	×	1	1	0	1
1	1	1	1	1	1	1	1	0	1	1	1	0

在同类型的编码器中,可以再简单了解 74HC148 的功能及使用。图 2-21 所示为 8 线-3 线优先编码器 74LS148 的逻辑符号,表 2-13 是 74LS148(74HC148)的真值表(功能表)。它的输入和输出均以低电平作为有效信号。

图 2-21 的逻辑符号是一种节省空间的标法,输入和输出全部标在框内,使外接线图更清晰;另一种标法是在框内只标输入输出的原变量名称,对低电平有效的电路,框外加小圆圈,并在对应的输入端和输出端标上非符号的名称。如框内标 S,框外标 $\overline{S}$,其余类推。两种标法在不同书上均有使用,应注意鉴别。

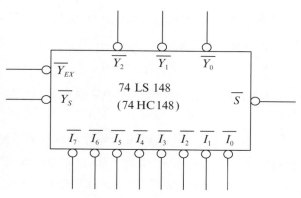

图 2-21　74LS148 编码器的逻辑符号

表 2-13　74LS148 的真值表

输入									输出				
$\overline{S}$	$\overline{I_0}$	$\overline{I_1}$	$\overline{I_2}$	$\overline{I_3}$	$\overline{I_4}$	$\overline{I_5}$	$\overline{I_6}$	$\overline{I_7}$	$\overline{Y_2}$	$\overline{Y_1}$	$\overline{Y_0}$	$\overline{Y_S}$	$\overline{Y_{EX}}$
1	×	×	×	×	×	×	×	×	1	1	1	1	1
0	1	1	1	1	1	1	1	1	1	1	1	0	1
0	×	×	×	×	×	×	×	0	0	0	0	1	0
0	×	×	×	×	×	×	0	1	0	0	1	1	0
0	×	×	×	×	×	0	1	1	0	1	0	1	0
0	×	×	×	×	0	1	1	1	0	1	1	1	0
0	×	×	×	0	1	1	1	1	1	0	0	1	0
0	×	×	0	1	1	1	1	1	1	0	1	1	0
0	×	0	1	1	1	1	1	1	1	1	0	1	0
0	0	1	1	1	1	1	1	1	1	1	1	1	0

优先编码器 74LS148(74HC148)的逻辑功能如下。

(1)选通输入端 $\overline{S}$

只有在 $\overline{S}=0$ 的条件下,编码器才能正常工作。而在 $\overline{S}=1$ 时,无论有无输入信号,所有的输出端被封锁在高电平,即编码器不工作。因此 $\overline{S}$ 被称为选通输入端。

(2)编码输入端 $\overline{I_0}\sim\overline{I_7}$

在 $\overline{S}=0$ 电路正常工作状态下,允许 $\overline{I_0}\sim\overline{I_7}$ 当中同时有几个输入端为低电平,即有编码输入信号。$\overline{I_7}$ 的优先权最高,$\overline{I_0}$ 的优先权最低。比如,当 $\overline{I_7}=0$ 时,无论其他输入端有无输入信号(表中以×表示),只对 $\overline{I_7}$ 进行编码;当 $\overline{I_7}=1$,$\overline{I_6}=0$ 时,无论其余输入端有无输入信号,只对 $\overline{I_6}$ 进行编码。

(3)编码输出端 $\overline{Y_2}$、$\overline{Y_1}$、$\overline{Y_0}$

从功能表可以看出,74LS148 编码器的编码输出是反码,低电平为有效电平。比如,

对 $\overline{I_0}$ 编码，应当输出 000，而电路输出的是 111；对 $\overline{I_6}$ 编码，应当输出 110，而电路输出 001。

（4）选通输出端 $\overline{Y_S}$ 和扩展输出端 $\overline{Y_{EX}}$

$\overline{Y_S}$ 和 $\overline{Y_{EX}}$ 是为扩展编码器的功能而设置的。

从功能表可以看出，只有当所有的编码输入端都是高电平（即没有编码输入），而且 $\overline{S}$ ＝0 时，$\overline{Y_S}$ 才是低电平。因此，$\overline{Y_S}$ 的低电平输出信号表示"电路工作，但无编码输入"。

从功能表还可以看出，只要任何一个编码输入端有低电平信号输入，且 $\overline{S}$ ＝0，$\overline{Y_{EX}}$ 即为低电平。因此 $\overline{Y_{EX}}$ 的低电平输出信号表示"电路工作，且有编码输入"。

【例 2.9】 试用两片 8 线-3 线优先编码器 74LS148 接成 16 线-4 线优先编码器，将 $\overline{A_0} \sim \overline{A_{15}}$ 16 个低电平输入信号编为 0000～1111 这 16 个 4 位二进制代码。现将 $\overline{A_{15}} \sim \overline{A_8}$ 8 个优先权高的输入信号接到第一片 74LS148 的 $\overline{I_7} \sim \overline{I_0}$ 输入端，而将 $\overline{A_7} \sim \overline{A_0}$ 8 个优先权低的输入信号接到第二片 74LS148 的 $\overline{I_7} \sim \overline{I_0}$ 输入端。

按照输入端输入权限优先顺序的要求，当 $\overline{A_{15}} \sim \overline{A_8}$ 均无输入信号时，才允许对 $\overline{A_7} \sim \overline{A_0}$ 的输入信号编码。因此，只要把第一片 74LS148 的"无编码输入"信号 $\overline{Y_S}$ 作为第二片 74LS148 的选通输入信号 $\overline{S}$ 就好了。

此外，当第一片 74LS148 有编码信号输入时它的 $\overline{Y_{EX}}$ ＝0，无编码信号输入时 $\overline{Y_{EX}}$ ＝1，正好可以用 $\overline{Y_{EX}}$ 加一个反相器作为输出编码的第四位。

两片 74LS148 接成 16 线-4 线优先编码器的逻辑图如图 2-22 所示。

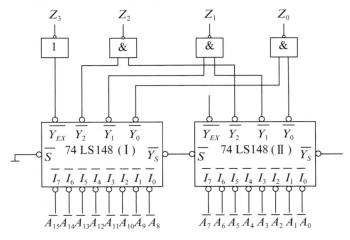

图 2-22 用两片 74LS148 接成 16 线-4 线优先编码器

由图 2-22 可见，当 $\overline{A_{15}} \sim \overline{A_8}$ 有低电平信号时（有编码输入），例如 $\overline{A_{10}}$ ＝0，则片 Ⅰ 的 $\overline{Y_{EX}}$ ＝0，Z_3 ＝1，$\overline{Y_2 Y_1 Y_0}$ ＝101，同时片 Ⅰ 的 $\overline{Y_S}$ ＝1，将第二片 74LS148 封锁，使它的输出 $\overline{Y_2 Y_1}$ $\overline{Y_0}$ ＝111。于是，在最后的输出端得到 $Z_3 Z_2 Z_1 Z_0$ ＝1010。

当 $\overline{A_{15}} \sim \overline{A_8}$ 全部为高电平时（无编码输入），片 Ⅰ 的 $\overline{Y_S}$ ＝0，故片 Ⅱ 的 $\overline{S}$ ＝0，处于编码工作状态。例如 $\overline{A_6}$ ＝0，则片 Ⅱ 的 $\overline{Y_2 Y_1 Y_0}$ ＝001。而此时第一片 74LS148 的 $\overline{Y_{EX}}$ ＝1，Z_3 ＝0，

$\overline{Y_2Y_1Y_0}$=111。于是,在最后的输出端得到 $Z_3Z_2Z_1Z_0$=0110。

想一想

1.普通编码器和优先编码器有什么区别?

2.通过资料查询了解其他型号的编码器,并与本节编码器相比较,总结相同点和不同点。

3.能不能动手试试设计一个 32 线-4 线优先编码器?

专题 3   译码器

专题要求

学习二进制译码器、二-十进制译码器和显示译码器电路的工作原理,掌握相关集成芯片的用法。

专题目标

1.了解译码器的基本概念和定义;

2.熟悉译码器的工作原理和内部组成;

3.掌握译码器的使用方法和设计应用。

译码与编码过程相反,其功能是检测在输入端的二进制代码,并通过输出端测定的高低电平或其组合进行呈现。译码通常是由一个多输入多输出的组合逻辑电路,将给定的代码翻译成相应的输出信号或另一种形式代码的过程。能够完成译码工作的器件称为译码器。数字系统处理的是二进制代码,而人们习惯于用十进制,故常常需要将二进制代码翻译成十进制数字或字符,并直接显示出来。这类译码器在各种数字仪表中被广泛使用。在计算机中普遍使用的地址译码器、指令译码器,在数字通信设备中广泛使用的多路分配器、规则码发生器等也都是由译码器构成的。常见的译码器主要包括二进制译码器、码字变换译码器及显示译码器等。

2.3.1   二进制译码器

二进制译码器

把具有特定含义的二进制代码"翻译"成对应的输出信号的组合逻辑电路称为二进制译码器。二进制译码器的输入是二进制代码,输出是与输入代码一一对应的有效电平信号。常用的集成电路二进制译码器有 2 线-4 线译码器 74139、3 线-8 线译码器 74138 和 4 线-16 线译码器 74154 等。它满足 $2^n=m$ 的关系,n 是输入二进制代码的位数，m 是输出信号的个数。不同的输入代码组，对应着不同的输出电平信号，即不同输入代码组合，在不同的输出端呈现有效电平。

首先以 2 线-4 线译码器为例说明二进制译码器的工作原理。2 线-4 线译码器的逻辑功能表见表 2-14。输入端为 A_0 和 A_1，输出端为 $Y_0 \sim Y_3$。当 A_1、A_0 取不同的值时，$Y_0 \sim Y_3$ 分别处于有效的状态，电路实现译码功能。在本例中，输入、输出均为高电平有效。

2 线-4 线译码器

表 2-14　2 线-4 线译码器的逻辑功能表

输入		输出				输入		输出			
A_1	A_0	Y_3	Y_2	Y_1	Y_0	A_1	A_0	Y_3	Y_2	Y_1	Y_0
0	0	0	0	0	1	1	0	0	1	0	0
0	1	0	0	1	0	1	1	1	0	0	0

根据前面逻辑功能表，可以得到 $Y_0 \sim Y_3$ 的逻辑表达式：

$$Y_0 = \overline{A_1}\,\overline{A_0} \qquad Y_1 = \overline{A_1}A_0 \qquad Y_2 = A_1\overline{A_0} \qquad Y_3 = A_1 A_0$$

根据输出信号逻辑表达式，画出逻辑电路图，如图 2-23 所示。

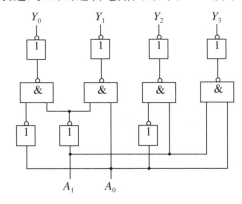

图 2-23　用基本门电路实现 2 线-4 线译码器的逻辑图

图 2-24 所示是 $n=3$、$m=8$ 的 3 线-8 线译码器的框图，3 线-8 线译码器典型产品是 74LS138（74HC138），逻辑符号如图 2-25 所示，表 2-15 是 74LS138 的真值表（功能表）。

138 译码器

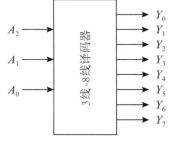

图 2-24　3 线-8 线译码器的框图

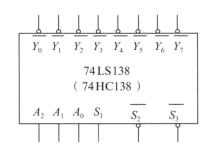

图 2-25　3 线-8 线译码器 74LS138 的逻辑符号

表 2-15　74LS138 的真值表

输入					输出							
S_1	$\overline{S_2}+\overline{S_3}$	A_2	A_1	A_0	$\overline{Y_7}$	$\overline{Y_6}$	$\overline{Y_5}$	$\overline{Y_4}$	$\overline{Y_3}$	$\overline{Y_2}$	$\overline{Y_1}$	$\overline{Y_0}$
0	×	×	×	×	1	1	1	1	1	1	1	1
×	1	×	×	×	1	1	1	1	1	1	1	1
1	0	0	0	0	1	1	1	1	1	1	1	0
1	0	0	0	1	1	1	1	1	1	1	0	1
1	0	0	1	0	1	1	1	1	1	0	1	1
1	0	0	1	1	1	1	1	1	0	1	1	1
1	0	1	0	0	1	1	1	0	1	1	1	1
1	0	1	0	1	1	1	0	1	1	1	1	1
1	0	1	1	0	1	0	1	1	1	1	1	1
1	0	1	1	1	0	1	1	1	1	1	1	1

通过分析 74LS138 的功能表，可以得到 74LS138 的逻辑功能。

74LS138 有 3 个译码输入端（又称地址输入端）A_2、A_1 和 A_0，8 个译码输出端 $\overline{Y_0}$～$\overline{Y_7}$，以及三个控制端 S_1、$\overline{S_2}$、$\overline{S_3}$。

译码输入端 A_2、A_1、A_0 有 8 种二进制代码表示的输入组合状态。当 $S=1$ 时，根据 74LS138 的真值表可得到：

$$\overline{Y_i}=\overline{m_i}\quad(i=0\sim7)$$

即

> 74LS138 芯片
> 的应用

$$\overline{Y_0}=\overline{\overline{A_2}\,\overline{A_1}\,\overline{A_0}}=\overline{m_0}$$

$$\overline{Y_1}=\overline{\overline{A_2}\,\overline{A_1}\,A_0}=\overline{m_1}$$

$$\overline{Y_2}=\overline{\overline{A_2}\,A_1\,\overline{A_0}}=\overline{m_2}$$

$$\overline{Y_3}=\overline{\overline{A_2}\,A_1\,A_0}=\overline{m_3}$$

$$\overline{Y_4}=\overline{A_2\,\overline{A_1}\,\overline{A_0}}=\overline{m_4}$$

$$\overline{Y_5}=\overline{A_2\,\overline{A_1}\,A_0}=\overline{m_5}$$

$$\overline{Y_6}=\overline{A_2\,A_1\,\overline{A_0}}=\overline{m_6}$$

$$\overline{Y_7}=\overline{A_2\,A_1\,A_0}=\overline{m_7}$$

由以上逻辑表达式可以得到，当译码器处于译码工作状态时，每输入一组二进制代码将使对应的一个输出端为低电平，而其他输出端为无效高电平。$\overline{Y_0}$～$\overline{Y_7}$ 是 A_2、A_1、A_0 变量的全部最小项的译码输出。假如，当 A_2、A_1、A_0 输入为 000 时，输出端 $\overline{Y_0}$ 为 0，其他输出端为 1;当 A_2、A_1、A_0 输入为 101 时,输出端 $\overline{Y_5}$ 为 0,其他输出端为 1,以此类推。

S_1、$\overline{S_2}$、$\overline{S_3}$ 是译码器的控制输入端,又称芯片使能端,当 $S_1 = 1$、$\overline{S_2} + \overline{S_3} = 0$ 时,译码器处于译码工作状态。否则,译码器被禁止,所有输出端被封锁在无效电平高电平。这 3 个控制输入端也叫作芯片"片选"输入端,利用片选功能可以将多片译码芯片连接起来以扩展译码器的功能。

在考虑芯片控制输入端后,其输出的逻辑表达式如下:

$$\overline{Y_i} = \overline{S_1 \cdot \overline{\overline{S_2} + \overline{S_3}} \cdot m_i} \quad (i = 0 \sim 7)$$

【例 2.10】 试将 3 线-8 线译码器 74LS138 扩展成 4 线-16 线译码器。

解 令 D_3、D_2、D_1、D_0 作为 4 个译码输入端,$\overline{Z_0} \sim \overline{Z_{15}}$ 作为 16 个译码输出端。连接图如图 2-26 所示。

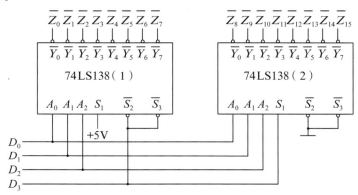

图 2-26 两片 74LS138 接成的 4 线-16 线译码器

当 $D_3 = 0$ 时,第一片 74LS138 工作而第二片 74LS138 禁止工作,将 $D_3 D_2 D_1 D_0$ 的 0000～0111 这 8 个代码译成 $\overline{Z_0} \sim \overline{Z_7}$ 8 个低电平信号。当 $D_3 = 1$ 时,第二片的 74LS138 工作而第一片的 74LS138 禁止工作,将 $D_3 D_2 D_1 D_0$ 的 1000～1111 这 8 个代码译成 $\overline{Z_8} \sim \overline{Z_{15}}$ 8 个低电平信号。这样就用两个 3 线-8 线译码器扩展成一个 4 线-16 线译码器了,即实现功能的逻辑表达式如下:

$$\overline{Z_i} = \overline{m_i} \quad (i = 0 \sim 15)$$

【例 2.11】 二进制译码器的应用:计算机外围设备的端口寻址。在实际的计算机系统中,计算机通过输入输出端口同许多外围设备连接,例如打印机、显示器、投影仪、存储设备、扫描仪、鼠标、键盘等。在使用时,计算机需要与外围设备通过相应的端口进行指令或者数据的传递。计算机的控制器/处理器,根据实际的需要,发出指令,打开相应端口的过程就是端口选址。如图 2-27 所示。

每一个 I/O 端口都有与之唯一对应的编号,即地址。当计算机使用某个外围设备时,发出与该设备所连接的端口的二进制地址码。该地址码经相应的译码器,转换成相应端口上的有效电平,从而将端口打开,实现计算机同外围设备的通信。

计算机控制器/处理器同外围设备之间通过总线进行数据传输,总线由若干平行的数据传输线构成,与所有的 I/O 端口进行连接。当对应的 I/O 端口打开时,外围设备方可与计算机进行数据的传输。

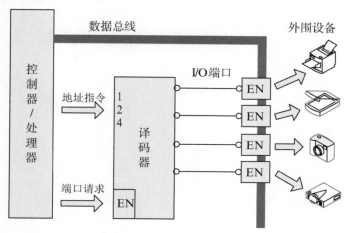

图 2-27　外围设备端口寻址示意图

2.3.2　二-十进制译码器

二-十进制译码器是码制变换译码器中最重要的一种。二-十进制译码器的逻辑功能是将输入 BCD 码的 10 个代码译成 10 个高、低电平输出信号。符合 $2^n > m, n$ 仍是输入二进制代码的位数,取 $n = 4$,而输出 $m = 10$,故亦称这种译码器为 4 线-10 线译码器,其典型集成电路芯片型号为 74LS42(或者 74HC42)。图 2-28 所示是二-十进制译码器 74LS42 的逻辑符号,表 2-16 是其真值表(功能表)。

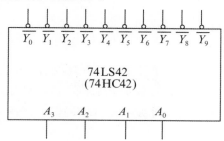

图 2-28　集成电路 74LS42 译码器的逻辑符号

从表 2-16 可以看出,译码器 74LS42 的输入是 8421BCD 码,相应的输出端为低电平有效。对于 BCD 代码以外的伪码(即 1010~1111 这 6 个代码),$\overline{Y_0} \sim \overline{Y_9}$ 均输出结果为高电平信号,所以这个电路具有拒绝伪码的功能。

74LS42 的输出和输入关系均为最小项之和的形式,即

$$\overline{Y_i} = \overline{m_i} \quad (i = 0 \sim 9)$$

表 2-16　74LS42 的真值表

输入				输出									
A_3	A_2	A_1	A_0	$\overline{Y_9}$	$\overline{Y_8}$	$\overline{Y_7}$	$\overline{Y_6}$	$\overline{Y_5}$	$\overline{Y_4}$	$\overline{Y_3}$	$\overline{Y_2}$	$\overline{Y_1}$	$\overline{Y_0}$
0	0	0	0	1	1	1	1	1	1	1	1	1	0
0	0	0	1	1	1	1	1	1	1	1	1	0	1
0	0	1	0	1	1	1	1	1	1	1	0	1	1
0	0	1	1	1	1	1	1	1	1	0	1	1	1
0	1	0	0	1	1	1	1	1	0	1	1	1	1
0	1	0	1	1	1	1	1	0	1	1	1	1	1
0	1	1	0	1	1	1	0	1	1	1	1	1	1
0	1	1	1	1	1	0	1	1	1	1	1	1	1
1	0	0	0	1	0	1	1	1	1	1	1	1	1
1	0	0	1	0	1	1	1	1	1	1	1	1	1
伪码													
1	0	1	0	1	1	1	1	1	1	1	1	1	1
1	0	1	1	1	1	1	1	1	1	1	1	1	1
1	1	0	0	1	1	1	1	1	1	1	1	1	1
1	1	0	1	1	1	1	1	1	1	1	1	1	1
1	1	1	0	1	1	1	1	1	1	1	1	1	1
1	1	1	1	1	1	1	1	1	1	1	1	1	1

2.3.3　显示译码器

在数字系统中常常需要将数字、字母或符号等直观地显示出来,供人能读取或监视器能够显示数字、字母或符号的器件称为数字显示器。这些被显示的数字量都以一定的代码形式出现,所以这些数字量要先经过数字显示译码器的译码才能送到数字显示器中去显示。

1. 数码显示器

常见的数码显示器有许多种形式,它的主要作用是用来显示数字和字符。目前应用最广泛的数码显示器是由七段可发光线段构成的七段数码显示器,又称七段数码管。目前常见的七段显示器有半导体数码管和液晶显示器两种。根据不同的连接方式,七段码数码管分为共阴极和共阳极两类。现以半导体数码管为例说明显示器的构成及工作原理。

图 2-29 所示是半导体数码管 BS201A 的外形图和等效电路。这种数码管的每个线段均由一个发光二极管(light emitting diode,LED)组成,这种数码管也称为 LED 数码管

数码显示器

或 LED 七段显示器。发光二极管的 PN 结用磷砷化镓、磷化镓、砷化镓等做成。当外加正向电压时,将电能转化成光能,可发出一定波长的可见光。

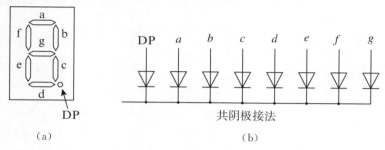

图 2-29　半导体数码管 BS201A

在 BS201A 等数码管中还在右下角增设了一个小数点(DP),如图 2-29(a)所示。此外,由图 2-29(b)可见,BS201A 的八个发光二极管的阴极是做在一起的,属于共阴极类型。为了提高设计的灵活性,同一规格的数码管一般都有共阴极和共阳极两种型号可供选用。

2. BCD-七段显示译码器

半导体数码管和液晶显示器都可以用 TTL 或者 CMOS 集成电路直接驱动,为此需要用显示译码器将 BCD 码译成数码管所需的驱动信号,以便使数码管将 BCD 码所代表的数值用十进制数字显示出来。这类中规模 BCD 码七段译码器种类较多,如低输出电平有效的 7445、7447 七段显示译码器,它可以驱动共阳极显示器;输出高电平有效的 7448 七段显示译码器,可以驱动共阴极显示器。

显示译码器

表 2-17　BCD-七段显示译码器的真值表

数字	\multicolumn{4}{c}{输入}				\multicolumn{7}{c}{输出}							字形
	A_3	A_2	A_1	A_0	Y_a	Y_b	Y_c	Y_d	Y_e	Y_f	Y_g	字形
0	0	0	0	0	1	1	1	1	1	1	0	0
1	0	0	0	1	0	1	1	0	0	0	0	1
2	0	0	1	0	1	1	0	1	1	0	1	2
3	0	0	1	1	1	1	1	1	0	0	1	3
4	0	1	0	0	0	1	1	0	0	1	1	4
5	0	1	0	1	1	0	1	1	0	1	1	5
6	0	1	1	0	0	0	1	1	1	1	1	6
7	0	1	1	1	1	1	1	0	0	0	0	7
8	1	0	0	0	1	1	1	1	1	1	1	8

续表

输入			输出							字形
数字	A_3 A_2 A_1 A_0		Y_a Y_b Y_c Y_d Y_e Y_f Y_g							
9	1　0　0　1		1　1　1　0　0　1　1							9
10	1　0　1　0		0　0　0　1　1　0　1							c
11	1　0　1　1		0　0　1　1　0　0　1							⊐
12	1　1　0　0		0　1　0　0　0　1　1							U
13	1　1　0　1		1　0　0　1　0　1　1							⊏
14	1　1　1　0		0　0　0　1　1　1　1							⊢
15	1　1　1　1		0　0　0　0　0　0　0							

　　规定 1 表示数码管中线段的点亮状态,0 表示线段的熄灭状态,则根据显示字形的要求便得到了表 2-17 所示的真值表(功能表)。表中除列出了 BCD 代码的 10 个状态与 Y_a ~Y_g 状态的对应关系以外,还规定了输入为 1010~1111 这六个状态下显示的字形。

　　图 2-30 所示是功能更全的 BCD-七段显示译码器 7448 的逻辑符号。

　　$\overline{LT}$、$\overline{RBI}$、$\overline{BI}/\overline{RBO}$ 是附加控制端。若不考虑附加控制电路的影响,Y_a~Y_g 与 A_3、A_2、A_1、A_0 之间的逻辑关系与表 2-17 所示的完全相同。附加控制电路用于扩展电路功能,功能和用法如下。

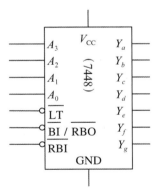

图 2-30　BCD-七段显示译码器 7448 的逻辑符号

　　试灯输入 $\overline{LT}$:当 $\overline{LT}$=0 时,$\overline{BI}/\overline{RBO}$ 为输出端,且 $\overline{RBO}$=1,这时无论其他输入是什么电平,输出 Y_a~Y_g 均为 1,即七段都亮,这一功能可用于测试数码管发光管的好坏。

　　灭零输入 $\overline{RBI}$:当 $\overline{RBI}$=0 时可以把不希望显示的零(无效的零)熄灭。例如,有一个 8 位的数码显示电路,整数部分为 5 位,小数部分为 3 位,在显示 18.9 这个数时将呈现 00018.900 字样。如果将前、后多余的零熄灭,则显示的结果将更加醒目。

　　灭灯输入/灭零输出 $\overline{BI}/\overline{RBO}$:这是一个双功能的输入/输出端。$\overline{BI}/\overline{RBO}$ 作为输入端

使用时,称为灭灯输入控制端。只要加入灭灯控制信号 $\overline{\text{BI}}=0$,无论 $A_3A_2A_1A_0$ 的状态是什么,$Y_a \sim Y_g$ 均输出 0,定可将被驱动数码管的各段同时熄灭;$\overline{\text{BI}}/\overline{\text{RBO}}$ 作为输出端使用时,称为灭零输出端。只有当输入 $A_3=A_2=A_1=A_0=0$,而且有灭零输入信号 $\overline{\text{RBI}}=0$ 时,$\overline{\text{RBO}}=0$,给出低电平,因此,$\overline{\text{RBO}}=0$ 表示译码器已将本来应该显示的零熄灭了。

74LS48 驱动 BS201A 半导体数码管的连接方法如图 2-31 所示。

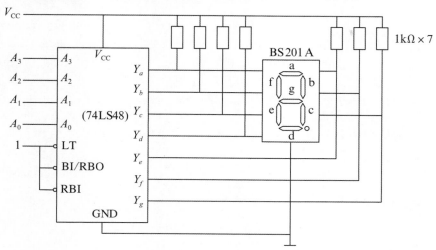

图 2-31　用 74LS48 驱动 BS201A 的连接图

将灭零输入端和灭零输出端配合使用,可实现多位数码显示系统的灭零控制。只需在整数部分把高位的 $\overline{\text{RBO}}$ 与低位的 $\overline{\text{RBI}}$ 相连,在小数部分将低位的 $\overline{\text{RBO}}$ 与高位的 $\overline{\text{RBI}}$ 相连,就可以把前、后多余的零熄灭了。如图 2-32 所示为有灭零控制的 8 位数码显示系统。

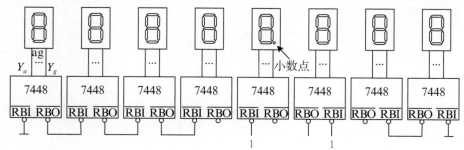

图 2-32　有灭零控制的 8 位数码显示系统

【例 2.12】　使用与非门设计一个七段显示译码器,显示要求"H""E""L""P"4 个字符。

解　显示 4 个符号需要两位译码输入、七位输出,列出输入输出关系如表 2-18 所示。

表 2-18　7448 驱动表

输入			输出							显示
字符	A	B	Y_a	Y_b	Y_c	Y_d	Y_e	Y_f	Y_g	显示
H	0	0	0	1	1	0	1	1	1	H
E	0	0	1	0	0	1	1	1	1	E
L	0	0	0	0	0	1	1	1	0	L
P	0	1	1	1	0	0	1	1	1	P

从而得到

$$a = \overline{A}B + AB = B = \overline{\overline{B}}$$

$$b = \overline{A}\overline{B} + AB = B = \overline{\overline{AB}\cdot\overline{AB}}$$

$$c = \overline{A}\overline{B} = \overline{\overline{\overline{A}\overline{B}}}$$

$$d = \overline{A}B + A\overline{B} = \overline{\overline{A\overline{B}}\cdot\overline{\overline{A}B}}$$

$$e = f = 1$$

$$g = \overline{A\overline{B}}$$

通过以上逻辑表达式,很容易得到逻辑电路图,这里略。

想一想

1. 编码器和译码器之间有什么联系?

2. n 位二进制译码器分别有多少个输入端和输出端?

3. 了解其他类型的译码器的使用方法,去网上查找一下相关的技术手册,看看与本节所学译码器有哪些相同和不同之处。

专题 4　数据选择器与分配器

专题要求

学习数据选择器和分配器的工作原理、常用芯片的基本使用方法,并能够利用它们实现逻辑函数。

专题目标

1. 掌握数据选择器的工作原理以及使用方法;

2.掌握数据分配器的工作原理以及使用方法。

数据选择器与分配器是数字系统中常用的中规模集成电路。功能是完成对多路数据的选择与分配,在公共传输线上实现多路数据的分时传送。此外,还可完成数据的并串转换、序列信号发生等多种逻辑功能以及实现各种逻辑函数功能。

2.4.1　数据选择器

数据选择器又称为多路选择器或多路开关,常用 MUX 表示。它是一种多输入单输出的组合逻辑电路,其逻辑功能是从多路输入数据中选中一路送至数据输出端,输出对输入的选择受选择控制变量控制。通常,它有 n 个选择控制输入端,2^n 个数据输入端,一个数据输出端,数据输入端与选择输入端输入的地址码有一一对应关系,当地址确定后,输出端就输出与该地址码有对应关系的数据输入端的数据,即将与该地址码有对应关系的数据输入端和输出端相连。

常见的数据选择器有 2 选 1、4 选 1、8 选 1 和 16 选 1 等类型。

1.4 选 1 数据选择器

图 2-33(a)、(b)所示为 74HC153 双 4 选 1 数据选择器的逻辑符号及引脚图,其作用相当于两个单刀四掷开关,如图 2-33(c)所示。图中,$D_0 \sim D_3$ 为数据输入端,其个数称为通道数,ST 为选通输入端,Y 为数据输出端,$A_1 A_0$ 为地址输入端(即地址),可以控制将 4 个输入数据 $D_0 \sim D_3$ 中哪一个送至输出端 Y,由两个数据选择器共用。当 ST 为低电平时,数据选择器正常工作,Y 输出被选数据。地址输入端的个数 m 与通道数 n 应满足 $n = 2^m$,$A_1 A_0$ 的组合确定 $D_0 \sim D_3$ 中的一个数据被选中,进行传送输出。74HC153 的逻辑功能表见表 2-19。

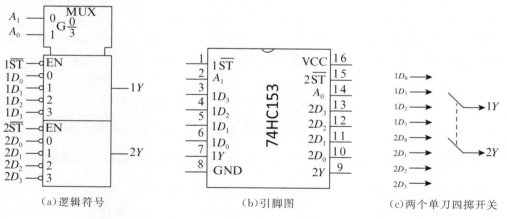

(a)逻辑符号　　　　　　(b)引脚图　　　　　(c)两个单刀四掷开关

图 2-33　74HC153 双 4 选 1 数据选择器

表 2-19　74HC153 的逻辑功能表

输入							输出
$\overline{ST}$	A_1	A_0	D_3	D_2	D_1	D_0	Y
1	×	×	×	×	×	×	0
0	0	0	×	×	×	0	0
0	0	0	×	×	×	1	1
0	0	1	×	×	0	×	0
0	0	1	×	×	1	×	1
0	1	0	×	0	×	×	0
0	1	0	×	1	×	×	1
0	1	1	0	×	×	×	0
0	1	1	1	×	×	×	1

从逻辑图和功能表看出,数据选择器 74HC153 的输出与输入关系表达式为

$$Y=\overline{A_1}\ \overline{A_0}D_0+\overline{A_1}\ A_0D_1+A_1\ \overline{A_0}D_2+A_1A_0D_3=\sum_{i=0}^{3}D_im_i$$

显然,数据选择器可以认为是二进制译码器和数据 D_i 的组合,因此只要合适地选择 D_i,则可以用译码器来实现数据选择器的功能。

2. 数据选择器的应用

数据选择器除完成对多路数据进行选择的基本功能外,在逻辑设计中常用来实现各种逻辑函数功能。假定用具有 n 个控制变量的 MUX 实现 m 个变量的函数,具体方法可以分为以下 3 种情况进行讨论。

数据选择器
的应用

(1)$m=n$(用 n 个控制变量的 MUX 实现 n 个变量的函数)

实现方法:将函数的 n 个变量依次连接到 MUX 的 n 个选择变量端,并将函数表示成最小项之和的形式。若函数表达式中包含最小项 m_i,则令 MUX 相应的 D_j 接 1,否则 D_j 接 0。

(2)$m=n+1$(用 n 个控制变量的 MUX 实现 $n+1$ 个变量的函数)

实现方法:从函数的 $n+1$ 个变量中任选 n 个变量作为 MUX 的选择控制变量,并根据所选定的选择控制变量将函数变换成 $Y=\sum\limits_{i=0}^{3}D_im_i$ 的形式,以便确定各数据输入 D_j。假定剩余变量为 X,则 D_j 的取值只可能是 0、1、X 或者 $\overline{X}$ 四者之一。

(3)$m\geqslant n+2$(用 n 个控制变量的 MUX 实现 $n+2$ 以上个变量的函数)

实现方法与(2)类似,但确定各数据输入 D_j 时,数据输入是去除选择变量之外剩余变量的函数,因此,一般需要增加适当的逻辑门辅助实现,且所需逻辑门的多少通常与选择控制变量的确定相关。

【例 2.13】　74HC151 8 选 1 数据选择器的逻辑符号及引脚图如图 2-34 所示，逻辑功能表见表 2-20，请用其实现逻辑函数：

$$F(A,B,C,D) = \sum m(0,1,5,6,7,9,12,13,14)$$

8 选 1 数据选择器

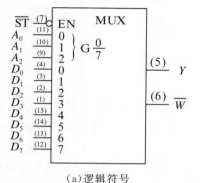

（a）逻辑符号　　　　　　　　　　　（b）引脚图

图 2-34　8 选 1 数据选择器 74HC151 的逻辑符号及引脚图

表 2-20　74HC151 的逻辑功能

输入				输出		输入				输出	
$\overline{ST}$	A_2	A_1	A_0	Y	$\overline{W}$	$\overline{ST}$	A_2	A_1	A_0	Y	$\overline{W}$
1	×	×	×	0	1	0	1	0	0	D_4	$\overline{D_4}$
0	0	0	0	D_0	$\overline{D_0}$	0	1	0	1	D_5	$\overline{D_5}$
0	0	0	1	D_1	$\overline{D_1}$	0	1	1	0	D_6	$\overline{D_6}$
0	0	1	0	D_2	$\overline{D_2}$	0	1	1	1	D_7	$\overline{D_7}$
0	0	1	1	D_3	$\overline{D_3}$						

解　$F(A,B,C,D) = \sum m(0,1,5,6,7,9,12,13,14) = \overline{ABCD} + \overline{ABC}D + \overline{A}B\overline{C}D +$ $\overline{A}BC\overline{D} + \overline{A}BCD + A\overline{BC}D + AB\overline{CD} + AB\overline{C}D + ABC\overline{D}$

由于该逻辑函数含有 4 个逻辑变量，因此选取其中的 3 个作为数据选择器的地址输入变量，1 个作为数据输入变量。这里，选取 A、B、C 作为地址输入变量，D 作为数据输入变量，并将数据选择器的输出记做 Y，则

$$Y = \overline{ABC}D_0 + \overline{ABC}D_1 + \overline{AB}\overline{C}D_2 + \overline{A}BCD_3 + A\overline{BC}D_4 + A\overline{B}CD_5 + AB\overline{C}D_6 + ABCD_7$$

将逻辑函数 F 整理后与 Y 比较可得

$$D_0 = 1 \quad D_1 = 0 \quad D_2 = D \quad D_3 = 1 \quad D_4 = D \quad D_5 = 0 \quad D_6 = 1 \quad D_7 = \overline{D}$$

将 $D_0 \sim D_7$ 加至数据输入端，在逻辑变量 A、B、C 的控制下，便可实现逻辑函数 F，如图 2-35 所示。

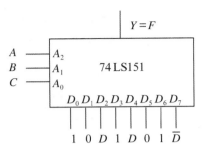

图 2-35　例 2.13 电路图

【例 2.14】　用 8 选 1 数据选择器实现逻辑函数 $F = A\overline{B} + \overline{A}C + B\overline{C}$。

解　$F = A\overline{B} + \overline{A}C + B\overline{C} = A\overline{B}(C + \overline{C}) + \overline{A}C(B + \overline{B}) + B\overline{C}(A + \overline{A}) = \overline{A}BC + \overline{A}B\,\overline{C} + \overline{A}BC + A\overline{B}\,\overline{C} + A\overline{B}C + AB\overline{C}$

由于该逻辑函数含有三个逻辑变量,因此将其全部作为数据选择器的地址输入变量,可得

$$D_0 = 0 \quad D_1 = D_2 = D_3 = D_4 = D_5 = D_6 = 1 \quad D_7 = 0$$

得到实现该逻辑函数的电路图如图 2-36 所示。

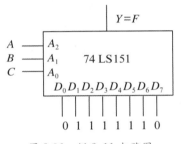

图 2-36　例 2.11 电路图

2.4.2　数据分配器

数据分配器

数据分配器(demultiplexer)又称为多路分配器,通常用 DEMUX 表示,其结构与多路选择器正好相反,它是一种单输入多输出的逻辑器件,输入数据具体从哪一路输出,由选择控制变量决定。作用是将串行数据输入变为并行数据输出,可以用一个单刀多掷开关来形象描述。下面以 4 路数据分配器为例进行说明。

74HC139 是双 4 路数据分配器/2－4 线译码器。逻辑符号与外引线功能图如图 2-37 所示。

当用作数据分配器时,根据地址输入端 A_1A_0 分别取 00～11 不同的值,选中 $\overline{Y_0} \sim \overline{Y_3}$ 中的 1 路输出,逻辑功能表如表 2-21 所示。

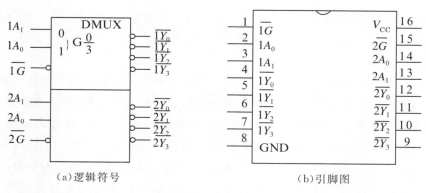

（a）逻辑符号 （b）引脚图

图 2-37 4 路数据分配器 74HC139 的逻辑符号及引脚图

表 2-21 74HC139 的逻辑功能表

输入			输出			
G	A_1	A_0	Y_3	Y_2	Y_1	Y_0
1	$\times$	$\times$	1	1	1	1
1	0	0	1	1	1	0
1	0	1	1	1	0	1
1	1	0	1	0	1	1
1	1	1	0	1	1	1

该器件与 $2-4$ 线译码器功能一致。若将 $A_1 A_0$ 看作译码器输入端，G 看作使能端，则该器件就是一个 $2-4$ 线译码器。所以任何带使能端的全译码器（区别于部分译码器）均可以用作数据分配器。

数据分配器也能实现多级级联。例如用 5 个 4 路数据分配器可以实现 16 路数据的分配功能。

以下举例说明数据选择器和数码分配器的实际应用。

应用 1：传统以太网的总线拓扑结构

传统以太网采用公共总线（如图 2-38 所示），将多台计算机连接至同一总线上。计算机与总线之间的连接由总线仲裁器（Bus Arbiter，可以看作是一种特殊的数据选择器）进

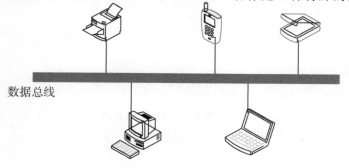

数据总线

图 2-38 传统以太网的总线拓扑结构示意图

行控制,根据计算机的请求指令以及总线的状态(繁忙或空闲)来决定计算机与总线之间的连接状态。在同一时间,总线只被一台计算机使用。

应用2:时分复用

时分复用是一种重要的通信技术,它将多路信号在同一通信线路上进行传输,其中传输时间被分割成若干个时隙,每一个时隙分别传输某一路输入信号,具体传输哪一路信号由输入端数据选择器的控制输入信号决定(开关信号)。与此同时,在输出端与之同步的控制信号,通过数据分配器决定公共通信线路上传输的信号分配至哪一个输出端口。

在时分复用中,不同用户的信号占据不同的传输时隙,在时间上互不重叠,与时分复用对应的是频分复用,即将信号的频率带宽划分成不同的频段,以传输多路信号。时分复用如图2-39所示。

复用是通信技术中的一个重要的概念。它使得不同用户能够共享相同的信道资源,在复用的基础上进一步发展出了多址技术。常用的多址技术包括时分多址(TDMA)、频分多址(FDMA)、码分多址(CDMA)、空分多址(SDMA)等等。

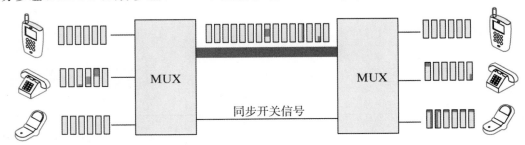

图 2-39 时分复用示意图

想一想

1.32 选 1 数据选择器应该有几位地址输入变量?

2.数据选择器输入地址的位数和输入数据的位数之间的关系是什么?

3.去查资料了解一下,你的手机通信方式是哪种复用方式?

实践 1 优先数显电路的仿真实践

任务要求

该电路实现四人优先抢答的数码显示。以 J_1、J_2、J_3、J_4 分别表示四路抢答输入信号,当有一个开关按下时,即输入一个低电平,经过优先编码器、字符译码器并最终在共阴极数码管上显示对应的数字号码($J_1 \sim J_4$ 依次对应 $1 \sim 4$ 数字)。

任务目标

- 掌握 74LS147、74LS04、74LS48 和共阴极数码管的设置使用；
- 熟悉数码显示电路的工作原理；
- 掌握用 Multisim 对优先数显电路进行仿真。

2.5.1　优先数显电路的仿真

1. 启动 Multisim 软件，单击 Multisim 基本界面元器件工具条上的"Place TTL"按钮，从弹出的对话框"Family"栏中选择"74LS"，再在"Component"栏中选取"74LS04N"，显示译码器"74LS48N"和"74LS147N"二–十进制编码器各一个，如图 2-40 所示，将它们放置在电子平台上。

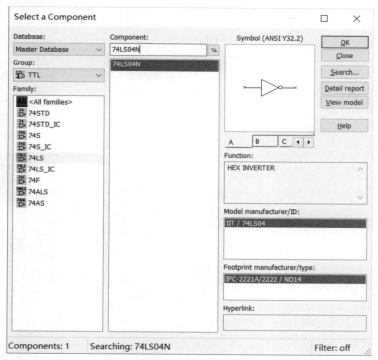

图 2-40　仿真软件中集成电路的选择图

2. 单击元器件工具条上的"Place Source"按钮，从中调出 TTL 电源和地线。

3. 单击元器件工具条上的"Place Basic"按钮，从中调出四个单刀双掷开关，并修改它们的控制键；单击元器件工具条上的"Place Indicator"按钮，从弹出的对话框"Family"栏中选择"HEX_DISPLAY"，再在"Component"栏中选取"SEVEN_SEG_COM_ K"，如图 2-41 所示，单击对话框右上角的"OK"按钮，将共阴极数码管放置在电子平台上。

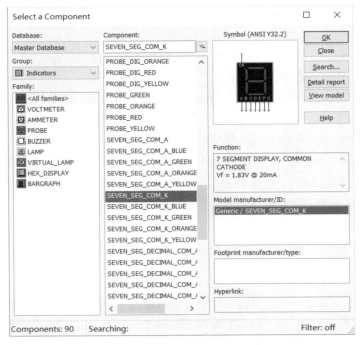

图 2-41　仿真软件中显示器件选择图

4.按图 2-42 所示连接成仿真电路。

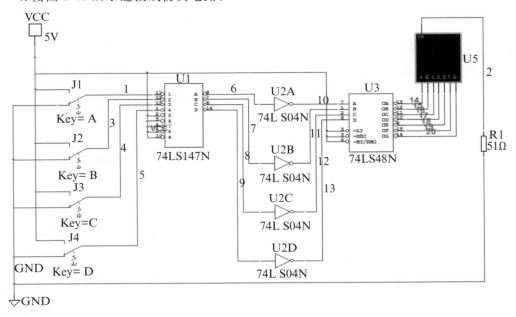

图 2-42　优先数显仿真电路图

5.开启仿真开关,观察数码管显示情况,分别改变 $J_1 \sim J_4$,再观察数码管显示情况。
改变开关状态,观察数码管的数值显示,并将仿真结果记入表 2-22 中,分析仿真结果。

表 2-22　仿真结果

输入（输入高电平为 1，低电平为 0）				输出
J_1	J_2	J_3	J_4	数码显示值

实践报告要求：

1. 描述优先数显电路的逻辑功能；

2. 用 Multisim 软件画出优先数显的仿真电路图；

3. 记录并分析仿真结果。

分析与讨论

1. 总结本次仿真实践中遇到的问题及解决方法；

2. 在上述仿真电路中，最多能实现几人抢答？要实现 5 人优先抢答的数显电路，上面的仿真电路要做怎样的修改？

实践 2　优先数显电路的设计与调试实践

任务要求

结合本项目所学基本理论，在优先数显电路的仿真基础上实现电路的设计与调试。

任务目标

· 进一步熟悉编码器、译码器和数码管显示的逻辑功能；

· 通过实际电路掌握组合逻辑电路的分析及设计方法；

· 熟悉集成编码器、译码器和数码管显示器的特征引脚的功能及使用。

2.6.1　优先数显电路的设计与调试

1. 设备与元器件

设备：逻辑测试笔、示波器、直流稳压电源、集成电路测试仪。

器件：实验电路板、外接输入信号电路（可自行设计 4 位低电平有效抢答器电路）、集成二-十进制优先编码器（本项目以 74LS147 为例）、集成显示译码器（本项目以 74LS48 为例）、共阴极数码管、非门 74LS04 各一块。

2. 项目电路

优先数显电路如图 2-43 所示。该电路由 4 路输入信号、芯片 74LS147、芯片 74LS04、芯片 74LS48 以及共阴极数码管组成。

数码显示电路的工作原理

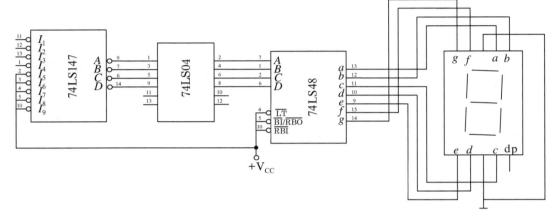

图 2-43　优先数显电路原理图

3. 项目设计步骤与要求

（1）熟悉元器件

在简单了解本项目相关知识点的前提下，查集成电路手册，初步了解 74LS147、74LS48 和七段数码管的功能，确定 74LS147 和 74LS48 的引脚排列，了解各引脚的功能，各芯片的引脚排列如图 2-44 所示。

译码与显示器应用电路的设计与调试

（2）连接电路

按实验电路图在实验电路板上安装好实验电路。将自行设计的 4 位低电平有效优先抢答器的输出指示信号按图 2-43 所示接到编码器 74LS147 的 $\overline{I_1}$、$\overline{I_2}$、$\overline{I_3}$、$\overline{I_4}$ 输入端（即 11、12、13、1 脚）。检查电路连接，确认无误后再接电源。

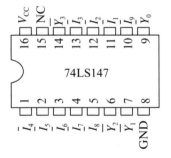

（a）74LS147 引脚排列图

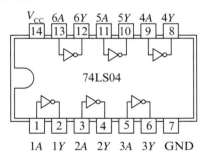

（b）74LS04 引脚排列图

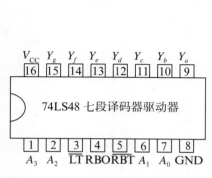
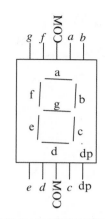

(c)74LS48 引脚排列图　　　　(d)数码显示器引脚排列图

图 2-44　各芯片的引脚排列图

（3）电路功能显示

接通电源，四个抢答键相应端在不同时刻接低电平，如果电路工作正常，则数码管将分别显示抢答成功者的号码。如果没有显示或显示的不是抢答成功者的号码，则说明电路有故障，应予以排除。当所有抢答者都没有信号输入时，显示器显示的数字是 0。所以，最终可以显示的数字是 0、1、2、3、4，且 4 是优先显示，以此类推。

（4）电路逻辑关系检测

1）当四个输入信号 $\overline{I_1}$、$\overline{I_2}$、$\overline{I_3}$、$\overline{I_4}$ 分别为低电平时，用示波器测试 74LS147 的四个输出信号 $\overline{Y_0}$、$\overline{Y_1}$、$\overline{Y_2}$、$\overline{Y_3}$ 的电平并记录于表 2-23 中。表中，"1"表示高电平，"0"表示低电平。

2）用同样的方法测试译码器 74LS48 的七个输出端 $a\sim g$ 的电平并记录于表 2-23 中。观察数码管七个输入端 $a\sim g$ 电平的高低与数码管相应各段的亮灭有什么关系。

表 2-23　译码显示电路功能测试

$\overline{I_4}$	$\overline{I_3}$	$\overline{I_2}$	$\overline{I_1}$		$\overline{Y_3}$	$\overline{Y_2}$	$\overline{Y_1}$	$\overline{Y_0}$		a	b	c	d	e	f	g
1	1	1	0													
1	1	0	1													
1	0	1	1													
0	1	1	1													

4.项目扩展测试训练

（1）74LS147 优先编码器功能测试

将一块 74LS147 接通电源和地，让芯片能够正常工作。在 74LS147 的 9 个输入端加上输入信号，输入信号为低电平有效。当 9 个输入端依次输入低电平时，测试相应的输出编码，"×"表示任意输入状态，用示波器测试 $\overline{Y_0}$、$\overline{Y_1}$、$\overline{Y_2}$、$\overline{Y_3}$ 四个输出端的电平信号验证 74LS147 的优先编码功能，并将测试结果填入表 2-24 中。输出为二进制编码（8421BCD 码），注意编码器输出端 $\overline{Y_0}$、$\overline{Y_1}$、$\overline{Y_2}$、$\overline{Y_3}$ 以反码的形式输出，每组 4 位二进制代码表示 1 位十进制数,例如输出 $\overline{Y_3 Y_2 Y_1 Y_0}=1001$(6 的反码),代表输入的十进制数为 6。

表 2-24　74LS147 优先编码功能测试

输入									输出			
$\overline{I_9}$	$\overline{I_8}$	$\overline{I_7}$	$\overline{I_6}$	$\overline{I_5}$	$\overline{I_4}$	$\overline{I_3}$	$\overline{I_2}$	$\overline{I_1}$	$\overline{Y_3}$	$\overline{Y_2}$	$\overline{Y_1}$	$\overline{Y_0}$
1	1	1	1	1	1	1	1	1				
0	×	×	×	×	×	×	×	×				
1	0	1	1	1	1	1	1	1				
1	1	0	1	1	1	1	1	1				
1	1	1	0	1	1	1	1	1				
1	1	1	1	0	1	1	1	1				
1	1	1	1	1	0	1	1	1				
1	1	1	1	1	1	0	1	1				
1	1	1	1	1	1	1	0	1				
1	1	1	1	1	1	1	1	0				

如果测试准确,可以看出,编码器按信号级别高的进行编码,且 $\overline{I_9}$ 信号的优先级别最高,$\overline{I_1}$ 信号的优先级别最低,这就是优先编码的功能。因此,74LS147 可实现优先编码的功能。

(2)数码管功能测试

将其阴极数码管的公共电极接地,分别给 $a \sim g$ 七个输入端加上输入信号,如表 2-25 给出的电平信号,观察数码管的发亮情况,记录输入信号与发亮显示段的对应关系,填入表 2-25 中。最后,给七个输入端都加上低电平,观察数码管的发亮情况。

表 2-25　数码管功能测试

a	b	c	d	e	f	g	数码管显示
1	1	1	1	1	1	0	
0	1	1	0	0	0	0	
1	1	0	1	1	0	1	
1	1	1	1	0	0	1	
0	1	1	0	0	1	1	
1	0	1	1	0	1	1	
0	0	1	1	1	1	1	
1	1	1	0	0	0	0	

续表

a	b	c	d	e	f	g	数码管显示
1	1	1	1	1	1	1	
1	1	1	0	0	1	1	
0	0	0	1	1	0	1	
0	0	1	1	0	0	1	
0	1	0	0	0	1	1	
1	0	0	0	0	1	1	
0	0	0	1	1	1	1	
0	0	0	0	0	0	0	

（3）74LS48 功能试验

1）译码功能。将 $\overline{LT}$、$\overline{RBI}$、$\overline{BI}/\overline{RBO}$ 端接高电平，输入十进制数 0～9 的任意一组 8421BCD 码（原码），则输出端 $a～g$ 也会得到一组相应的 7 位二进制代码。如果将这组代码输入数码管，就可以显示出相应的十进制数。

2）试灯功能。给试灯输入端 $\overline{LT}$ 加低电平，而 $\overline{BI}/\overline{RBO}$ 端加高电平时，则输出端 $a～g$ 均为高电平。若将其输入数码管，则所有的显示段都发亮。此功能可以用于检查数码管的好坏。

3）灭灯功能。将低电平加于灭灯输入端 $\overline{BI}/\overline{RBO}$ 时，不管其他输入电平的状态，所有输出端都为低电平。将这样的输出信号加至数码管，数码管将不发亮。

4）动态灭灯功能。$\overline{RBI}$ 为灭零输入信号，其作用是将数码管显示的数字 0 熄灭。当 $\overline{RBI}=0$，且 $\overline{Y_3 Y_2 Y_1 Y_0}=0000$ 时，若 $\overline{LT}=1$，$a～g$ 输出为低电平，则数码管无显示。利用该灭零端，可熄灭多位显示中不需要的零。不需要灭零时，$\overline{RBI}=1$。

项目小结

本项目介绍了组合逻辑电路的特点和设计方法，以及数字系统中常用组合逻辑电路的原理和应用。具体主要讲述了以下内容：

（1）组合逻辑电路任何时刻的输出仅取决于该时刻的各种输入变量的状态组合，而与电路过去的状态无关。在电路结构上只包含门电路，没有存储元件。

（2）分析组合逻辑电路的目的是确定已知电路的逻辑功能，可通过写逻辑表达式、列真值表等手段来完成。对于表达式较简单的电路，可以直接通过表达式得知电路的逻辑功能。对于表达式较复杂的电路，要借助于真值表来归纳电路的逻辑功能。

（3）利用中规模集成电路设计组合逻辑电路，常以电路简单、所用器件个数以及种类较少为实际原则，设计过程包含逻辑抽象、逻辑化简、逻辑变换、画出逻辑图。逻辑抽象的方法要视逻辑函数中逻辑变量的多少而定，对于具有较少逻辑变量的逻辑函数，采用列真值表来抽象逻辑表达式,当变量数较多时,可采用简化真值表的方式抽象逻辑表达式。

(4)常用组合逻辑电路有加法器、编码器、译码器、数据选择器和数据分配器等。为使用方便,它们做成中规模集成电路器件,利用组合逻辑电路可实现组合逻辑函数。使用中规模集成器件可以大大简化组合逻辑电路的设置。

(5)在介绍了四个专题后,重点通过完成本项目要求的基本实践任务来加深对组合逻辑电路的理解,更好地实现项目的要求和目标。

习题

2.1 已知图 2-45 所示的逻辑电路,试写出其逻辑函数表达式,并化简为最简式。

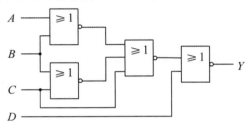

图 2-45 习题 2.1 图

2.2 分析图 2-46 所示电路的逻辑功能。

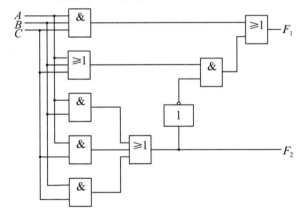

图 2-46 习题 2.2 图

2.3 用与门、或门和非门实现如下逻辑函数。

$(1)F_1 = \overline{A+B}$

$(2)F_2 = \overline{A\overline{B}+CD}$

2.4 用与非门和非门实现如下逻辑函数。

$(1)F_1 = A\overline{B}+\overline{C+D}$

$(2)F_2 = (\overline{AC}+D)(B+CD)$

2.5   用与非门设计一个四变量多数表决电路。当输入变量 A、B、C、D 有 3 个或 3 个以上为 1 时输出为 1,输入变量为其他状态时输出为 0。

2.6   用与非门设计一个四路输入的判奇电路,当四个输入中有奇数个 1 时,输出为 1,输入中有偶数个 1 时,输出为 0。

2.7   组合电路有 4 个输入 A、B、C、D 和一个输出 Y。当满足下面 3 个条件中任意一个时,输出 Y 都等于 1。

(1)所有输入都等于 1;

(2)没有一个输入等于 1;

(3)奇数个输入等于 1。

写出输出 Y 的最简与或表达式。

2.8   试用与非门设计一个组合电路,输入是 3 位二进制数,输出是输入的平方。

2.9   某产品有 A、B、C、D 四项质量指标。规定:A 必须满足要求,其他三项中只要有任意两项满足要求,产品算合格。试设计一个组合电路以实现上述功能。

2.10   现有 A、B、C 三台用电设备,每台用电设备均为 10kW。由两台发电机组供电,Y_1 发电机组的功率为 20kW,Y_2 发电机组的功率为 10kW。设计一个供电控制系统,当三台用电设备同时工作时,Y_1、Y_2 均启动,两台用电设备工作时 Y_1 启动,一台用电设备工作时 Y_2 启动。试用 3 线–8 线译码器 74138 实现。

2.11   有一车间有红黄 2 个故障指示灯,用来表示三台设备的工作情况。当有一台设备出现故障时,黄灯亮;两台设备出现故障时红灯亮;三台设备都出现故障时,红灯黄灯都亮。试用与非门设计一个控制灯亮的逻辑电路。

2.12   旅客列车分为特快、直快和慢车,它们的优先顺序为特快、直快、慢车。同一时间内只能有一种列车从车站开出,即只能给出一个开车信号,试用 3 线－8 线译码器 74138 设计一个满足上述要求的排队电路。

2.13   设置一个组合逻辑电路,电路有 2 个输出,其输入为 8421BCD 码。当输入所表示的十进制数为 2、4、6、8 时,输出 $X=1$;当输入数 $\geqslant 5$ 时,输出 $Y=1$。试用与非门实现电路并画出逻辑图。

2.14   用 8 选 1 数据选择器 74151 实现下列函数。

$$G_1(A,B,C,D) = \sum m(0,1,6,8,12,15)$$

$$G_2(A,B,C,D) = A + BCD$$

$$G_3(A,B,C,D) = (A + \overline{B} + D)(\overline{A} + C)$$

2.15   用 3 个半加器实现下列函数。

$$X_1(A,B,C) = A \oplus B \oplus C$$

$$X_2(A,B,C) = \overline{A}BC + A\,\overline{B}C$$

$$X_3(A,B,C) = AB\overline{C} + (\overline{A} + \overline{B})C$$

$$X_4(A,B,C) = ABC$$

2.16 用与非门设计一个七段显示译码器,要求显示"H""Z""P""T"四个符号。

2.17 试用两片 4 线-16 线译码器 74LS154 组成 5 线-32 线译码器,将输入的 5 位二进制代码 $D_4D_3D_2D_1D_0$ 译成 32 个独立的低电平信号 $\overline{Z}_0 \sim \overline{Z}_{31}$。如图 2-47 所示是 74LS154 的逻辑框图,图中的 $\overline{S}_A$、$\overline{S}_B$ 是两个控制端,译码器工作时应使 $\overline{S}_A$ 和 $\overline{S}_B$ 同时为低电平,当输入信号 $A_3A_2A_1A_0$ 为 0000~1111 这 16 种状态时,输出端从 $\overline{Y}_0 \sim \overline{Y}_{15}$ 依次给出低电平输出信号。

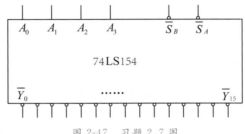

图 2-47 习题 2.7 图

2.18 试用 3 线-8 线译码器 74LS138 及门电路实现如下逻辑函数。

(1) $Y_1 = AC$

(2) $Y_2 = \overline{BC} + AB\overline{C}$

(3) $Y_3 = \overline{ABC} + A\overline{BC} + BC$

(4) $Y_4 = \sum m(0,1,2,3,4,7)$

2.19 已知某组合逻辑电路的输入 A、B、C 与输出 Y 的波形如图 2-48 所示。试写出输出逻辑表达式,并用最少的门电路实现。

图 2-48 习题 2.9 图

项目3　四人抢答器电路的设计与制作

📠 项目介绍

数字系统中,除了前面学习的这种能够实现逻辑运算和算术运算的组合逻辑电路外,还需要具有记忆功能的时序逻辑电路,时序逻辑电路是指任意时刻电路的输出状态不仅取决于该时刻的输入信号,还与电路原来的状态有关。这种电路的基本单元是各种触发器。触发器的特点有:

(1)触发器有两个互补的输出端 Q 和 Q',对应 0 和 1 两个稳定的工作状态,一般定义 Q 端的状态为触发器的输出状态;

(2)能够接受、保存和输出信号;

(3)在没有外加信号作用时,触发器维持原来的稳定状态不变,在一定外加信号作用下,可以从一个稳态转变为另一个稳态,其中接受输入信号之前的状态叫初态 Q^n,接受输入信号之后的状态叫次态 Q^{n+1}。

触发器的种类很多,按逻辑功能分,常见的有 RS 触发器、JK 触发器、D 触发器、T 触发器及 T' 触发器等;按触发方式分,常见的有电平触发、主从触发和边沿触发等。

项目 2 设计实现的数码显示电路实际上是一个没有记忆功能的四人抢答器,这个抢答器的四个开关带有优先级别,并且开关需要按住不动,才能显示出正确的抢答结果,若手松开指示灯就熄灭,这种操作方式十分不便。在本项目中,通过引入基本 RS 触发器,很好地解决了这一问题。

本项目主要是用 Multisim 设计几种常用触发器,并用基本 RS 触发器设计一个具有记忆功能的四人抢答器电路。要顺利完成此项目,大家需要熟悉几种常用触发器的电路组成、基本原理和逻辑功能等内容。

📠 项目要求

用 Multisim 实现常用触发器的设计,并用 RS 触发器设计一个具有记忆功能的四人抢答器电路。

📡 项目目标

- 了解触发器的电路组成和分类；
- 熟悉触发器的工作原理和基本功能；
- 掌握触发器电路功能的表示方法及应用；
- 建立时序逻辑电路的基本概念。

专题 1 RS 触发器

时序逻辑电路基础知识

▷ 专题要求

通过 RS 触发器电路及功能的分析，对时序逻辑电路的基本单元和描述方法有初步的了解。

▷ 专题目标

- 了解 RS 触发器的基本结构；
- 熟悉 RS 触发器的功能特点及应用；
- 掌握触发器电路功能的表示方法。

基本 RS 触发器

3.1.1 基本 RS 触发器

基本 RS 触发器也称为 RS 锁存器，是各种触发器电路结构中最简单的一种，也是构成其他触发器的最基本单元。

1. 电路组成

图 3-1 所示是由两个与非门交叉连接组成的基本 RS 触发器，$\overline{S}_d$、$\overline{R}_d$ 是两个输入端，Q 和 $\overline{Q}$ 是两个互补的输出端。$\overline{S}_d$、$\overline{R}_d$ 文字符号上的"非号"和输入端上的"小圆圈"均表示这种触发器的触发信号是低电平有效。

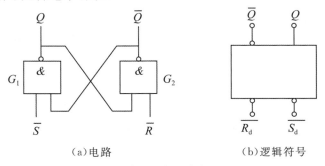

(a)电路   (b)逻辑符号

图 3-1 用与非门组成的基本 RS 触发器

2. 基本原理

由图 3-1 写出输出逻辑表达式：

$$Q=\overline{\overline{S_d}\cdot\overline{Q}},\overline{Q}=\overline{Q\cdot\overline{R_d}}$$

根据以上两式，可以把基本 RS 触发器分成以下 4 种情况来分析。

(1) $\overline{R_d}=0$、$\overline{S_d}=1$ 时：$\overline{Q}=\overline{0\cdot Q}=1$，$Q=\overline{1\cdot 1}=0$。

即不论触发器原来处于什么状态都将变成 0 状态，这种情况称将触发器置 0 或复位。R_d 端称为触发器的置 0 端或复位端，低电平有效。

(2) $\overline{R_d}=1$、$\overline{S_d}=0$ 时：$Q=\overline{0\cdot \overline{Q}}=1$，$\overline{Q}=\overline{1\cdot 1}=0$。

基本 RS 触发器
的性能分析

即不论触发器原来处于什么状态都将变成 1 状态，这种情况称将触发器置 1 或置位。S_d 端称为触发器的置 1 端或置位端，低电平有效。

(3) 当 $\overline{R_d}=1$、$\overline{S_d}=1$ 时，触发器保持原状态不变。

假如触发器原先处于 $Q=0$、$\overline{Q}=1$ 的 0 状态，则 $Q=0$ 反馈到 G_2 的输入端，G_2 因输入有低电平 0，输出 $\overline{Q}=1$；$\overline{Q}=1$ 又反馈到 G_1 的输入端，G_1 输入都为高电平 1，输出 $Q=0$。电路保持 0 状态不变。

假如触发器原先处于 $Q=1$、$\overline{Q}=0$ 的 1 状态，则电路同样能保持 1 状态不变。这个状态体现了触发器的存储功能，即记忆功能。

(4) 当 $\overline{R_d}=0$、$\overline{S_d}=0$ 时，触发器状态不定。

所谓不定是指这时触发器的输出 $Q=\overline{Q}=1$，在 $\overline{R_d}$ 和 $\overline{S_d}$ 同时由 0 变为 1 时，由于 G_1 和 G_2 传输延迟时间的差异，其输出状态是随机的，无法预知，可能是 0 状态，也可能是 1 状态；另外，$Q=\overline{Q}=1$，违反了输出互补的规定，在实际应用中，这种情况是不允许的。

综上所述，可列出基本 RS 触发器的功能真值表，见表 3-1。

表 3-1 基本 RS 触发器的功能真值表

$\overline{R_d}$	$\overline{S_d}$	Q^n	Q^{n+1}	逻辑功能	$\overline{R_d}$	$\overline{S_d}$	Q^n	Q^{n+1}	逻辑功能
0	1	0	0	置 0	1	1	0	0	保持
0	1	1	0		1	1	1	1	
1	0	0	1	置 1	0	0	0	×	不允许
1	0	1	1		0	0	1	×	

可见，基本 RS 触发器具有复位（$Q=0$）、置位（$Q=1$）、保持原状态三种功能，$\overline{R_d}$ 为复位输入端，$\overline{S_d}$ 为置位输入端，均为低电平有效（或非门反馈交叉组成的基本 RS 触发器电路为高电平有效）。

3. 应用举例

【例 3.1】 用与非门组成的基本 RS 触发器如图 3-1 所示，设初始状态为 0，已知输入 $\overline{S}$、$\overline{R}$ 的波形图如图 3-2 所示，画出输出 Q、$\overline{Q}$ 的波形图。

解　由功能表 3-1 可画出输出 Q、$\overline{Q}$ 的波形如图 3-2 所示。图中虚线所示为考虑门电路延迟时间的情况。

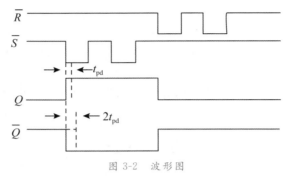

图 3-2　波形图

【例 3.2】　使用 RS 触发器构成无抖动开关。

解　在机械开关扳动或按动过程中,一般都存在接触抖动,在几十毫秒的时间里连续产生多个脉冲,如图 3-3(a)、(b)所示。这在数字系统中会造成电路的误动作。为了克服电压抖动,可在电源和输出端之间接入一个基本 RS 触发器,在开关动作时,使输出产生一次性的阶跃,如图 3-3(c)、(d)所示,这种无抖动开头称为逻辑开关。若将开关 S 来回扳动一次,即可在输出端 Q 得到无抖动的负的单拍脉冲,如图 3-3(c)输出端的波形。

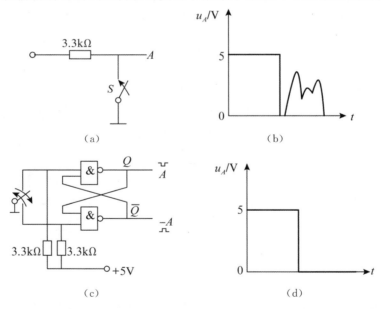

图 3-3　普通机械开关和无抖动开关的比较

3.1.2　同步 RS 触发器

在实际运用中,触发器的状态不仅要由 R、S 端的信号来决定,而且还希望触发器能够按一定的节拍翻转。为此,在基本 RS 触发器的基础上,可以通过给触发器加一个时钟控制端 CP(Clock Pulse)，使得只有在 CP 端上出现时钟脉冲时，触发器状态才能根据 R、S 的取值进行变化。这种具有时钟脉冲控制的 RS 触发器，称为同步 RS 触发器。

1. 电路组成

图 3-4 所示为同步 RS 触发器的逻辑电路和逻辑符号。G_1、G_2 门组成的是基本 RS 触发器，G_3、G_4 门组成输入控制门电路，需要注意的是，这两个与非门的引入使得输入信号 R、S 不再像基本 RS 触发器一样低电平有效，而是变成了高电平有效。

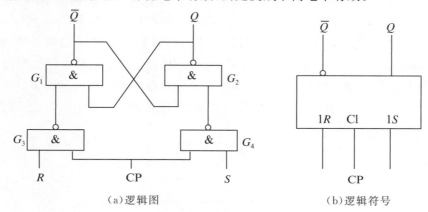

（a）逻辑图　　　　　　　　　　（b）逻辑符号

图 3-4　同步 RS 触发器

2. 工作原理

当 CP＝0 时，控制门 G_3、G_4 关闭，都输出 1。这时，不管 R 端和 S 端的信号如何变化，触发器的状态保持不变。

同步 RS 触发器工作原理

当 CP＝1 时，G_3、G_4 打开，R、S 端的输入信号方可通过这两个门，使基本 RS 触发器的状态翻转，其输出状态由 R、S 端的信号决定。

根据基本 RS 触发器的功能真值表可得同步 RS 触发器的功能真值表，见表 3-2。

表 3-2　同步 RS 触发器的功能真值表（CP＝1）

R	S	Q^n	Q^{n+1}	逻辑功能	R	S	Q^n	Q^{n+1}	逻辑功能
0	0	0	0	保持	0	1	0	1	置1
0	0	1	1		0	1	1	1	
1	0	0	0	置0	1	1	1	X	不允许
1	0	1	0		1	1	0	X	

由此可以看出，同步 RS 触发器的状态转换分别由 R、S 和 CP 控制，其中，R、S 控制状态转换的方向，即转换为何种次态；CP 控制状态转换的时刻，即何时发生转换。

3. 同步 RS 触发器初始状态的预置

在实际应用中，为了能够将触发器预置成某一初始状态，通常同步 RS 触发器中设置了专用的直接置位端 $\overline{S}_d$ 和直接复位端 $\overline{R}_d$，通过在 $\overline{S}_d$ 或 $\overline{R}_d$ 端加低电平直接作用于基本 RS

触发器,完成置 1 或置 0 的工作,而不受 CP 脉冲的限制,故称其为异步置位端和异步复位端。初始状态预置后,应使$\overline{S_d}$和$\overline{R_d}$处于高电平,触发器方可进入正常工作状态,也就是说同步 RS 触发器正常工作时,$\overline{S_d}$和$\overline{R_d}$应处于高电平。

4.同步触发器存在的问题——空翻

时序逻辑电路增加时钟脉冲的目的是统一电路动作的节拍。对触发器而言,在一个时钟脉冲作用下,要求触发器的状态只能翻转一次。而对于同步触发器在一个时钟脉冲作用下(即 CP＝1 期间),如果输入信号 R、S 多次发生变化,则可能引起输出端 Q 状态翻转两次或两次以上,时钟失去控制作用,这种现象称为空翻,如图 3-5 所示。空翻是一种有害的现象,它会使时序电路不能按照时钟工作,从而造成系统的误动作。引起空翻的主要原因是同步触发器结构的不完善。因此,要想从根本上克服空翻现象,必须优化触发器的电路结构,从而产生了主从型、边沿型等各类触发器。

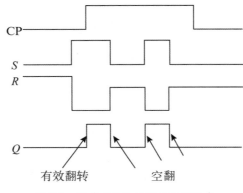

图 3-5 同步 RS 触发器的空翻现象

3.1.3 触发器功能的五种表示方法

1.术语和符号

(1)时钟脉冲 CP:同步脉冲信号。

(2)数据输入端:又称控制输入端,JK 触发器的数据输入端是 J 和 K,D 触发器的数据输入端是 D 等。

(3)初态Q^n:某个时钟脉冲作用前触发器的状态,即原始状态,也称为"现态"。

(4)次态Q^{n+1}:某个时钟脉冲作用后触发器的状态,即新状态。

2.触发器逻辑功能的五种表示方法

(1)特性方程

触发器次态Q^{n+1}与输入状态 R、S 及现态Q^n之间关系的逻辑表达式称为触发器的特性方程。根据表 3-2 可画出同步 RS 触发器 Q^{n+1}的卡诺图,如图 3-6 所示。由此可得同步

RS 触发器的特性方程为

$$Q^{n+1}=S+\overline{R}Q^{n}（CP=1 \text{ 期间有效}）$$

$$RS=0（\text{约束条件}）$$

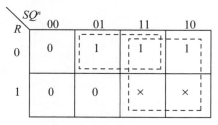

图 3-6　同步 RS 触发器次态 Q^{n+1} 卡诺图

（2）状态转换表

状态转换表是以表格的形式表示在一定的控制输入条件下，时钟脉冲作用前后，初态向次态的转化规律，称为状态转换真值表，简称状态表，也称为功能真值表。

以同步 RS 触发器为例，因触发器的次态 Q^{n+1} 与初态 Q^{n} 有关，因此将初态 Q^{n} 作为次态 Q^{n+1} 的一个输入逻辑变量，那么，同步 RS 触发器 Q^{n+1} 与 R、S、Q^{n} 间的逻辑关系可用表 3-2 表示。

表 3-2 中，当 $R=S=1$ 时，无论 Q 状态如何，在正常工作情况下是不允许出现的，所以在对应输出 Q^{n+1} 处打"×"，化简时作为约束项处理。

3）状态转换图

状态转换图表示触发器从一个状态变化到另一个状态或保持原状态不变时，对输入信号的要求。以同步 RS 触发器为例，其状态转换图如图 3-7 所示。

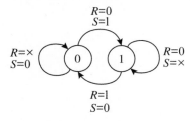

图 3-7　同步 RS 触发器的状态转换图

（4）驱动表

驱动表是用表格的方式表示触发器从一个状态变化到另一个状态或保持原状态不变时，对输入信号的要求。表 3-3 所示是根据表 3-2 画出的同步 RS 触发器的驱动表。注意：驱动表对于后续章节时序逻辑电路的分析设计有较大的用途。

表 3-3　同步 RS 触发器驱动表

$Q^{n}\rightarrow Q^{n+1}$		R	S	$Q^{n}\rightarrow Q^{n+1}$		R	S
0	0	×	0	1	0	1	0
0	1	0	1	1	1	0	×

（5）时序波形图

反映触发器时钟信号 CP、输入信号取值和状态之间对应关系的工作波形图称为时序波形图，它可直观地反映输出随输入及输出初态的变化情况。图 3-8 所示为已知 CP、R、S 波形的情况下同步 RS 触发器 Q 端的输出波形。

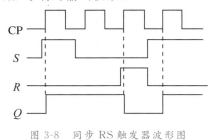

图 3-8　同步 RS 触发器波形图

专题 2　JK、D、T、T′触发器

▷ **专题要求**

通过学习，掌握 JK 触发器的分类、工作原理及基本应用。

▷ **专题目标**

- 了解 JK、D、T、T′触发器的基本结构；
- 熟悉 JK、D、T、T′触发器的功能特点及应用。

3.2.1　JK 触发器

1. 主从型 JK 触发器

（1）电路结构

RS 触发器的特性方程中有一约束条件 $RS=0$，即在工作时，不允许输入信号 R、S 同时为 1。这一约束条件使得 RS 触发器在使用时，有时会让人感觉不方便。如何解决这一问题？我们注意到，触发器的两个输出端 Q、$\overline{Q}$ 在正常工作时是互补的，即一个为 1，另一个一定为 0。因此，如果把这两个信号通过两根反馈线分别引到输入端的 G_7、G_8 门，就一定有一个门被封锁了，这时就不怕输入信号同时为 1 了。这就是主从 JK 触发器的构成思路。

主从 JK 触发器逻辑图和逻辑符号如图 3-9 所示，它是在主从 RS 触发器的基础上增加两根反馈线，一根从 Q 端引到 G_8，一根从 $\overline{Q}$ 端引到 G_7 门的输入端，并把原来的 S 端改为 J 端，把原来的 R 端改为 K 端。需要注意的是很多时候主从 JK 触发器会带有直接置

0 端 $\overline{R_\mathrm{d}}$ 和直接置 1 端 $\overline{S_\mathrm{d}}$，正常工作时它们的取值需要为无效电平 1。

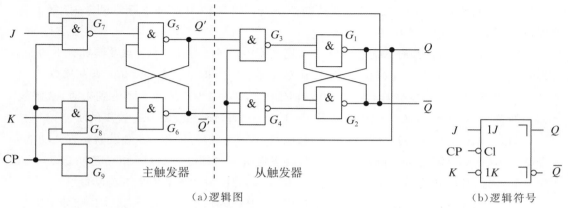

（a）逻辑图　　　　　　　　　　　　（b）逻辑符号

图 3-9　主从型 JK 触发器

（2）原理分析

当 CP＝1 时，$\overline{\mathrm{CP}}$＝0，根据同步 RS 触发器的功能，从触发器输出状态保持不变；此时主触发器正常工作，主触发器的状态随输入信号 J、K 状态的变化而改变。

当 CP＝0 时，$\overline{\mathrm{CP}}$＝1，主触发器输出状态不变，而从触发器开始正常工作。由于主触发器的输出 Q'、$\overline{Q'}$ 连接到从触发器的 S 和 R 端，所以当 Q'＝1、$\overline{Q'}$＝0 时，从触发器具有置 1 的功能，使得 Q＝1、Q'＝0；当 Q'＝0、$\overline{Q'}$＝1 时，从触发器具有置 0 的功能，使得 Q＝0、Q'＝1，即从触发器接受主触发器的状态。

主从 JK 触发器工作原理

所以，主从型 JK 触发器在 CP 脉冲为高电平时接收输入信号，CP 脉冲下降沿来临时输出发生变化，即主从型 JK 触发器是在 CP 脉冲的下降沿触发动作，克服了 RS 触发器的空翻现象。图 3-9（b）所示逻辑符号中，时钟脉冲端内部用 Cl 表示，在 CP＝1 期间，触发器输入端接收输入控制信号。输出端 Q 和 $\overline{Q}$ 加"⌐"，表示 CP 脉冲由高电平变为低电平时，从触发器接收主触发器的输出状态，即触发器延迟到下降沿时输出。

（3）逻辑功能

JK 触发器的逻辑功能与 RS 触发器的逻辑功能基本相同，不同之处是 JK 触发器没有约束条件，在 $J＝K＝1$ 时，每输入一个时钟脉冲后，触发器向相反的状态翻转一次。表 3-4 为 JK 触发器的状态转换功能表。

主从 JK 触发器的应用

表 3-4　JK 触发器的状态表（CP↓有效）

J	K	Q^n	Q^{n+1}	逻辑功能	J	K	Q^n	Q^{n+1}	逻辑功能
0	0	0	0	保持原状态	0	1	0	1	置0（复位）
0	0	1	1		0	1	1	1	
1	0	0	0	置1（置位）	1	1	1	0	翻转
1	0	1	0		1	1	0	1	

具体逻辑功能分析如下：

1)$J=0$、$K=0$ 时，因主触发器保持初态不变，所以当 CP 脉冲下降沿到来时，触发器保持原态不变，即 $Q^{n+1}=Q^n$。

2)$J=1$、$K=0$。若初态 $Q^n=0$，$\overline{Q^n}=1$，则当 CP=1 时，主同步 RS 触发器具有 1 功能，即 $Q'=1$，$\overline{Q'}=0$，CP 脉冲下降沿到来时，从触发器置"1"，即 $Q^n=1$，$\overline{Q^n}=0$。若初态 $Q^n=1$，$\overline{Q^n}=0$，主同步 RS 触发器具有保持功能，即 $Q'=1$，$\overline{Q'}=0$，CP 脉冲下降沿到来时，从触发器仍然置"1"，即 $Q^n=1$，$\overline{Q^n}=0$。所以当 $J=1$、$K=0$ 时，JK 触发器具有置 1 的功能。

3)$J=0$、$K=1$。若初态 $Q^n=1$，$\overline{Q^n}=0$，则当 CP=1 时，主同步 RS 触发器具有 0 功能，即 $Q'=0$，$\overline{Q'}=1$，CP 脉冲下降沿到来时，从触发器置"0"，即 $Q^n=0$，$\overline{Q^n}=1$。若初态 $Q^n=0$，$\overline{Q^n}=1$，则也有相同的结论。所以当 $J=0$、$K=1$ 时，JK 触发器具有置 0 的功能。

4)$J=1$、$K=1$。若初态 $Q^n=0$，$\overline{Q^n}=1$，则当 CP=1 时，$Q'=1$，$\overline{Q'}=0$。CP 脉冲下降沿到来时，从触发器翻转为 1；若初态 $Q^n=1$，$\overline{Q^n}=0$，则当 CP=1 时，$Q'=0$，$\overline{Q'}=1$，脉冲下降沿到来时，从触发器翻转为 0。即次态与初态相反。所以当 $J=1$、$K=1$ 时，JK 触发器具有翻转的功能。

图 3-10 所示为 JK 触发器的状态转换图和时序图。根据表 3-4 画出 JK 触发器 Q^{n+1} 的卡诺图或者根据电路结构和同步 RS 触发器的特征方程，还可得到 JK 触发器的特性方程为

$$Q^{n+1}=J\,\overline{Q^n}+\overline{K}Q^n\;(\text{CP}\downarrow\text{有效})$$

分析：同步 RS 触发器的特征方程 $Q^{n+1}=S+\overline{R}Q^n$，根据主从型 JK 触发器的主同步 RS 触发器的电路结构不难发现 $S=J\,\overline{Q^n}$，$R=KQ^n$，代入同步 RS 触发器的特征方程整理可得 JK 触发器的方程，需要注意的是 JK 触发器在下降沿来临时触发。

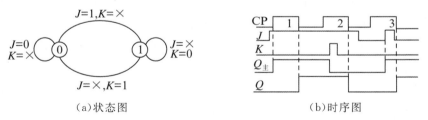

（a）状态图　　　　　　　　　　　（b）时序图

图 3-10　JK 触发器的状态转换图和时序图

【例 3.3】　设具有异步端的主从 JK 触发器的初始状态 $Q=0$，CP 下降沿触发，输入波形如图 3-11 所示，试画出输出端 Q 的波形。

解　由功能表 3-4 可画出输出 Q 的波形如图 3-11 所示。在画主从触发器的波形图时，应注意：触发器的触发翻转发生在时钟脉冲的触发沿（这里是下降沿）；分析的方法是在 CP=1 期间，根据输入信号 JK 的最后状态判断主触发器的状态，下降沿来临时 JK 触发器接受主

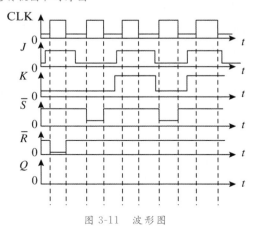

图 3-11　波形图

触发器状态,所以依据是时钟脉冲下降沿前一瞬间输入端的状态。此外,直接置位和复位信号不受时钟的控制,需要先画出置位和复位时的波形。

(4)主从 JK 触发器的一次翻转问题

在前面分析主从 JK 触发器的工作原理时,实际上我们假设 CP=1 期间,J、K 信号是不变的,当 CP 由 1 变 0 时,从触发器接收主触发器输出达到稳定状态。但是如果在 CP=1 期间,J、K 信号发生变化,主从 JK 触发器就有可能产生一次性翻转现象。所谓主从 JK 触发器的一次翻转现象是指在 CP=1 期间,不论输入信号 J、K 变化多少次,主触发器能且仅能翻转一次。这是因为在图 3-9 中,状态互补的 Q、$\bar{Q}$ 分别反馈到了门 G_7、G_8 的输入端,使这两个门中总有一个是被封锁的,而根据同步 RS 触发器的性能知道,从一个输入端加信号,其状态能且仅能改变一次。例如,当 $Q=1$,$\bar{Q}=0$ 时,门 G_7 被封锁,J 不起作用,信号只能由 K 端经门 G_8 将主触发器置 0,且一旦置 0 后,无论 K 怎么变化,主触发器都将保持 0 状态不变。$Q=0$,$\bar{Q}=1$ 时的情况正好相反,被封锁的是门 G_8,信号只能由 J 端经门 G_7 起作用,因而仅可将主触发器置 1,且一旦置 1 以后,状态也不可能再改变。综上所述,只有当 $Q=1$ 在 CP=1 时 K 由 0 变 1,或 $Q=0$ 在 CP=1 时 J 由 0 变 1 这两种情况下,才产生一次翻转现象,并非所有的跳变信号都会使主从 JK 触发器出现一次翻转现象。图 3-12 所示为主从 JK 触发器的工作波形,由图可见,在第二个时钟脉冲及第三个时钟脉冲期间存在一次翻转现象,一次翻转现象不仅限制了主从 JK 触发器的使用,而且降低了它的抗干扰能力。要解决一次变化问题,仍应从电路结构上入手,让触发器只接收 CP 触发沿到来前一瞬间的输入信号,这种触发器称为边沿触发器。

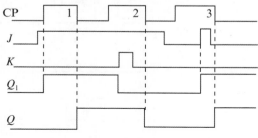

图 3-12　JK 触发器一次翻转现象

2. 抗干扰能力更强的触发器

(1)边沿型触发器

边沿型触发器是利用时钟脉冲的有效边沿(上升沿或下降沿)将输入的变化反映在输出端,而在 CP=0 及 CP=1 时不接收信号,这样可以有效克服空翻现象,因而这种触发器的抗干扰能力较强。图 3-13(a)和(b)所示分别为上升沿和下降沿触发的边沿触发器,与主从触发器相比,符号有两个变化,一个是输出端不再出现"┐",而 CP 脉冲上面出现边沿符号">",带"○"表示下降沿触发,不带"○"表示上升沿触发。

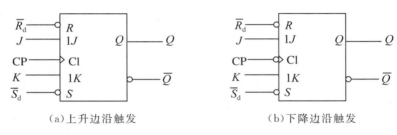

（a）上升边沿触发　　　　　　　（b）下降边沿触发

图 3-13　边沿 JK 触发器

（2）维持阻塞型触发器

维持阻塞型触发器是利用电路内的维持—阻塞线所产生的维持阻塞作用来克服空翻现象的时钟触发器。它的触发方式是边沿触发（国产的维持阻塞型触发器一般为上升沿触发），即仅在时钟脉冲上升沿或下降沿接收控制输入信号并改变输出状态。在一个时钟脉冲作用下，维持阻塞型触发器在 CP 脉冲作用边沿最多改变一次状态，因此不存在空翻现象，抗干扰能力更强。

边沿型触发器和维持阻塞型触发器内部结构复杂，这里不再讲述其内部结构和工作原理，只需掌握其触发特点，会灵活应用即可。

【例 3.4】　某边沿 JK 触发器结构及各输入端的电压波形如图 3-14 所示，试画出 Q、$\overline{Q}$ 端对应的电压波形。

解　输出 Q 的波形如图 3-14 所示。

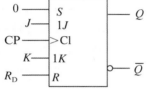

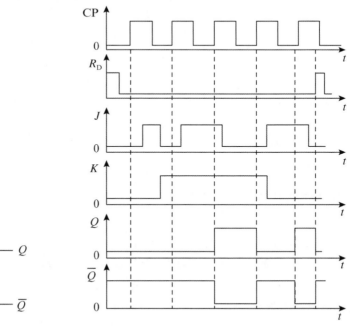

图 3-14　例题 3.4

【例 3.5】　74LS112 为双下降沿 JK 触发器（带预置和清除端），74LS111 为双主从 JK 触发器，其外引线端子如图 3-15（a）、（b）所示，图 3-15（c）为负边沿 JK 触发器的逻辑符号。

当输入信号 J、K 的波形如图 3-15(d)所示时,请分别画出两种触发器的输出波形(假设各触发器初态均为 0 态)。

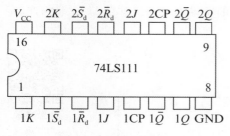

(a)74LS111 外引线端子

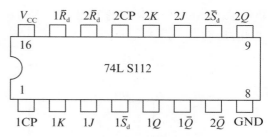

(b)74LS112 外引线端子

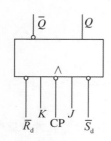

(c)负边沿 JK 触发器逻辑符号

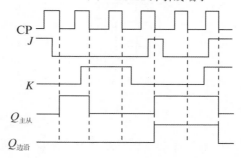

(d)主从型和边沿型 JK 触发器的时序图

图 3-15　例 3.5 图

解　按照 JK 触发器的逻辑功能和触发特点,分别画出两种触发器的输出波形如图 3-15 所示。由主从型触发器和边沿型触发器的时序图可以看出:

1)在 CP=1 期间,主从型触发器接收输入信号 J、K 并决定主触发器输出;当 CP=0 时,主触发器输出传送给从触发器。因此,触发器状态的改变发生在 CP 脉冲的下降沿。

对于主从型触发器,在 CP=1 期间,当输入信号 J、K 有变化时,主触发器按其逻辑功能判断,仅第 1 次状态变化有效,以后 J、K 再改变时将不起作用。

2)因为是下降沿触发方式,所以边沿型触发器仅在 CP 脉冲负跳变时接收控制端输入信号并改变触发器输出状态。

集成触发器 74LS112 原理

集成触发器 74LS112 应用

3.2.2　D、T、T′触发器

1. D 触发器

D 触发器是 CMOS 数字集成电路单元中时序逻辑电路中的重要组成部分之一,学习

D 触发器具有十分重要的意义,可以帮助了解数字集成电路的单元。D 触发器(data flip-flop)也称为维持一阻塞边沿 D 触发器,可以由 JK 触发器转换而来。图 3-16 所示即为由负边沿 JK 触发器转换成的 D 触发器,将 JK 触发器的 J 端通过一级非门与 K 端相连,定义为 D 端。

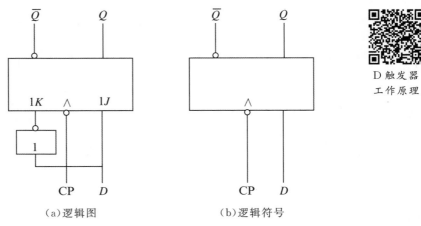

D 触发器
工作原理

(a)逻辑图　　　　　　　　(b)逻辑符号

图 3-16　D 触发器

由 JK 触发器的逻辑功能可知:当 $D=1$,即 $J=1$、$K=0$ 时,时钟脉冲下降沿到来时触发器置"1";当 $D=0$,即 $J=0$、$K=1$ 时,时钟脉冲下降沿到来时触发器置"0"。可见,D 触发器在时钟脉冲作用下,其输出状态与 D 端的输入状态一致,显然,D 触发器的特性方程为

$$Q^{n+1}=D(\mathrm{CP}\downarrow\text{有效})$$

可见,在 CP 脉冲作用下,D 触发器具有置 0、置 1 逻辑功能。表 3-5 为 D 触发器的状态表。这种由负边沿 JK 触发器转换而来的 D 触发器也是由 CP 下降沿触发翻转的。图 3-17 所示为 D 触发器的状态转换图和工作波形图。

表 3-5　D 触发器的状态表(CP↓有效)

D	Q^n	Q^{n+1}	逻辑功能	D	Q^n	Q^{n+1}	逻辑功能
0	0	0	置 0	1	0	1	置 1
0	1	0		1	1	1	

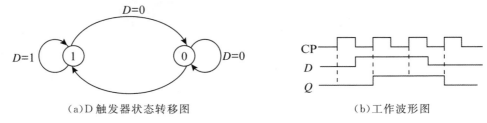

(a)D 触发器状态转移图　　　　　　　(b)工作波形图

图 3-17　D 触发器的状态转换图和时序图

使用时要特别注意的是,国产集成 D 触发器全部采用维持阻塞型结构,它的逻辑功能与上述完全相同,不同的地方只是在 CP 脉冲上升沿到达时触发。

74LS74 双上升沿 D 触发器的外引线端子如图 3-18（a）所示，图 3-18（b）为其逻辑符号，在 CP 输入端没有小圆圈，表示上升沿触发，图 3-18（c）为其时序图。

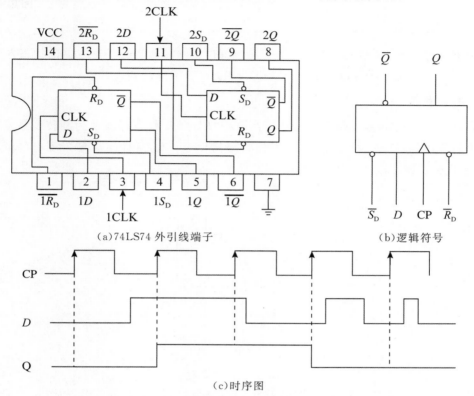

（a）74LS74 外引线端子　　　　　　　　（b）逻辑符号

（c）时序图

图 3-18　双上升沿触发的 D 触发器

2. T 触发器

把 JK 触发器的 J、K 端连接起来作为 T 端输入，则构成 T 触发器，如图 3-19 所示。T 触发器的逻辑功能是：$T=1$ 时，每来一个 CP 脉冲，触发器状态翻转一次，为计数工作状态；$T=0$ 时，保持原状态不变。即该触发器具有可控制计数功能。表 3-6 为 T 触发器的状态表。

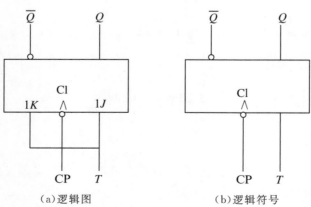

（a）逻辑图　　　　　　　　　　（b）逻辑符号

图 3-19　T 触发器

T 和 T′ 触发器
工作原理

表 3-6   T 触发器的状态表

T	Q^{n+1}	T	Q^{n+1}
0	Q^n	1	$\overline{Q^n}$

根据状态表和 JK 触发器的状态方程可以写出下降沿触发的 T 触发器的状态方程为

$$Q^{n+1}=J\,\overline{Q^n}+\overline{K}Q^n=T\,\overline{Q^n}+\overline{T}Q^n\,(\text{CP 下降沿到来有效})$$

3. T′触发器

若将 T 触发器的输入端 T 接成固定高电平"1",则 T 触发器就变为翻转型触发器或计数型触发器,每来一个 CP 脉冲,触发器状态就改变一次,这样的 T 触发器有些资料上称其为 T′触发器,图 3-20 为其逻辑图。

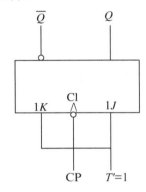

图 3-20   T′触发器

此外,也可通过将 D 触发器的 $\overline{Q}$ 端接至 D 输入端,可构成 T′触发器,如图 3-21 所示。

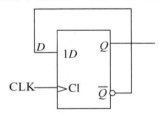

图 3-21   由 D 触发器转换而来的 T′触发器

实际应用的触发器电路中不存在 T 和 T′触发器,而是由其他功能的触发器转换过来用作这两种触发器。

3.2.3   触发器的选用和使用注意事项

1. 合理选择触发器

触发器的种类繁多并且各具特色,在进行逻辑电路设计时,必须根据实际需求从以下几个方面做出合理的选择。

（1）根据逻辑功能来选择触发器

如果需要一个输入信号并且要求触发器具有置 0 和置 1 功能,则选择 D 触发器。如果需要一个输入信号并且要求触发器具有翻转和保持功能,则选择 T 触发器(可以用 JK 触发器转换为 T 触发器)。如果只需要翻转功能,则选择 T′ 触发器。如果需要两个输入信号,要求触发器具有置 0、置 1、保持和翻转功能,则选用 JK 触发器。

（2）从电路结构形式来选择触发器

如果触发器只用作寄存一位进制数码,则可以选用可控 RS 触发器。如果输入信号不够稳定或者容易受干扰,则选用边沿触发器,这样可以避免空翻现象的发生,提高电路的可靠性。

（3）从制造工艺来选择触发器

从制造工艺的角度来讲,目前市场上出现的触发器按工艺分有 TTL、CMOS4000 系列和高速 CMOS 系列等,其中 TTL 电路中 LS 系列的市场占有率最高。LS 系列的 TTL 触发器具有速度快、功耗低的特点,工作电源电压为 4.5~5.5V。CMOS4000 系列具有微功耗、抗干扰性能强的特点,工作电源电压一般为 3~18V,但其工作速度较低,一般小于 5MHz。高速 CMOS 系列保持了 CMOS4000 系列的微功耗特性,速度与 LS 系列 TTL 电路相当,可达 50MHz,外引线端子与相同代号的 TTL 电路相同。高速 CMOS 系列有两个常用的子系列:HC 系列,工作电源电压为 2~6V;HCT 系列,与 TTL 电路兼容,工作电源电压为 4.5~5.5V。如果要求速度快则选用 TTL 电路中的高速度系列或改进型高速系列。

2.触发器使用的注意事项

（1）集成触发器中一般都有直接置 0 和置 1 端,可以利用它们给触发器预置初始状态。

（2）每一片集成触发器都有且只有一个公共的电源和地。如果触发器输入端接"1",可以通过一个限流电阻接到电源的正极,如果触发器输入端接"0",则可以接公共地。

（3）时钟 CP 脉冲输入与输入信号在作用时间上要很好地配合,否则,不能可靠地工作。

（4）一个集成电路中可能集成了一个或者几个触发器,它们之间是相互独立的,可以单独使用。

实践 1　触发器仿真实践

3.3.1　JK 触发器的仿真

任务要求

根据同步 RS 触发器和 JK 触发器的电路图,在 Multisim 仿真软件中用 4 个两输入与非门、4 个四输入与非门、2 个两输入与门、1 个非门和 5 个单刀双掷开关设计两个同步 RS 触发器,并用这两个触发器搭建成 1 个主从型 JK 触发器,验证 JK 触发器的相关功能。

任务目标

- 学会用开关、74LS00、74LS20、PROBE 指示灯组成一个 JK 触发器;
- 正确连接电路,熟悉 RS 触发器、同步 RS 触发器,并验证 JK 触发器的逻辑功能。

仿真内容

1.启动 Multisim 14.0,单击电子仿真软件 Multisim 14.0 基本界面元器件工具条上的"Place TTL."按钮,从弹出的对话框"Family"栏中选择"74LS",再在"Component"栏中选取两输入与非门"74LS00N"4 个、四输入与非门"74LS20N"4 个、非门"74LS04N"1 个、两输入与门 2 个,将它们放置在电子平台上。

2.单击元器件工具条上的"Place Indicator"按钮,从弹出的对话框"Family"栏中选择"PROBE",再在"Component"栏中选取"PROBE_RED",如图 3-22 所示,单击对话框右上角的"OK"按钮,将指示灯放置在电子平台上。

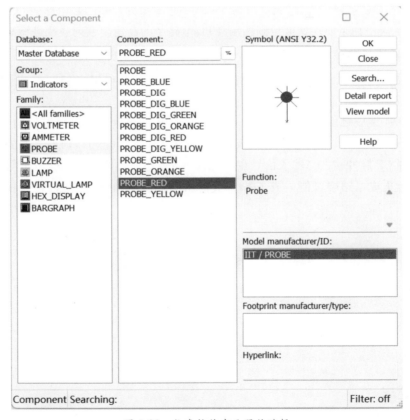

图 3-22　仿真软件中元器件选择

3.将其他元器件全部选好,并按图 3-23 连成仿真电路。

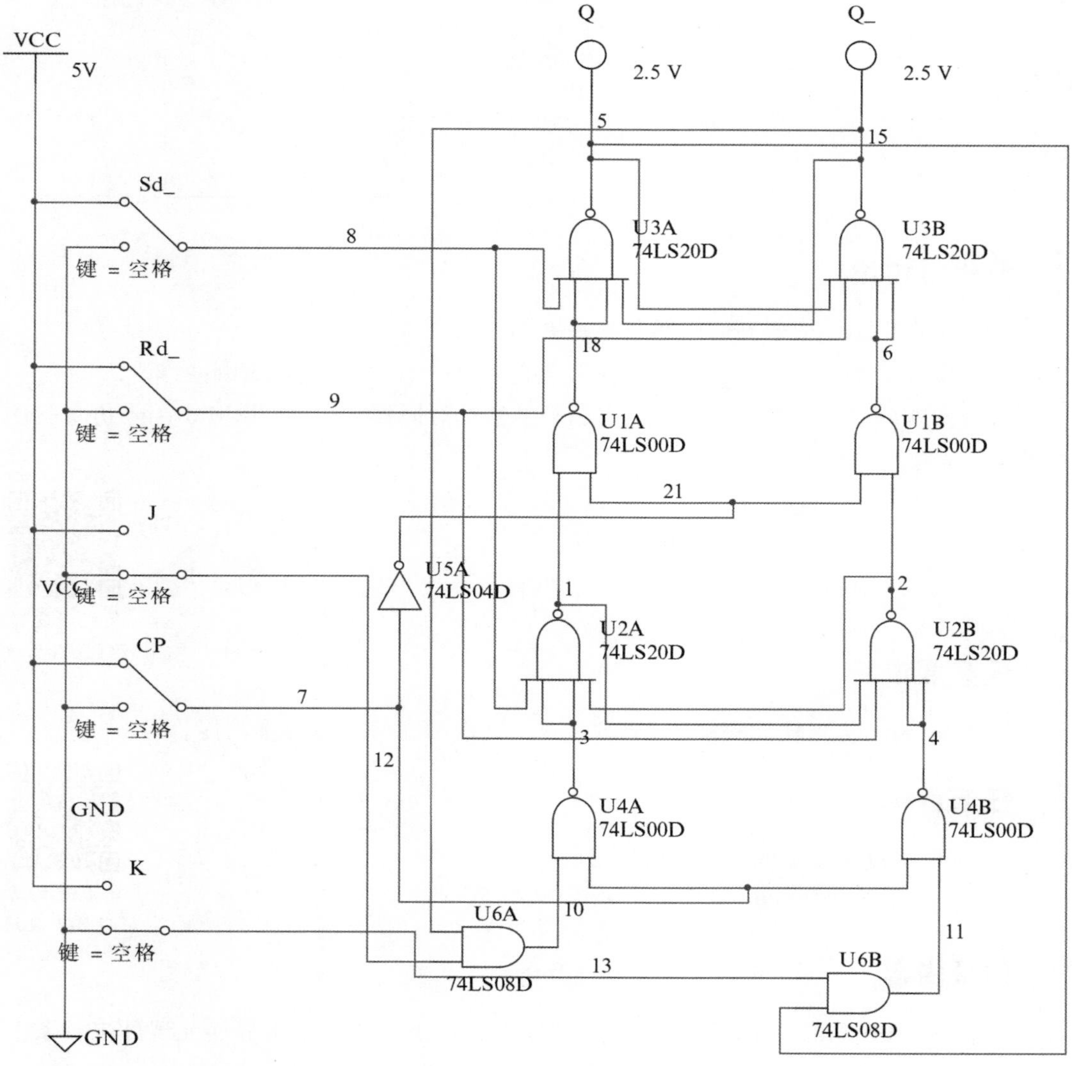

图 3-23　主从型 JK 触发器的仿真电路

4.开启仿真开关,将仿真结果记录在表 3-6 中,并分析仿真结果。

表 3-6　JK 触发器功能验证表

CP	$\overline{S_d}$	$\overline{R_d}$	J	K	Q^n	Q^{n+1}	逻辑功能
$\times$	1	0	$\times$	$\times$	$\times$		
$\times$	0	1	$\times$	$\times$	$\times$		
$\downarrow$	1	1	0	0	0		
$\downarrow$	1	1	0	0	1		
$\downarrow$	1	1	0	1	0		
$\downarrow$	1	1	0	1	1		

续表

CP	$\overline{S_d}$	$\overline{R_d}$	J	K	Q^n	Q^{n+1}	逻辑功能
↓	1	1	1	0	0		
↓	1	1	1	0	1		
↓	1	1	1	1	0		
↓	1	1	1	1	1		

分析与讨论

1.总结本次仿真中遇到的问题及其解决方法。

2.要实现 D 触发器、T 触发器、T′触发器的功能,上面的电路应做哪些修改?

3.查阅哪些集成触发器与上述仿真的触发器具有同样的功能,用 Multisim 仿真验证集成 JK 触发器的功能。

3.3.2　集成 D 触发器的仿真

集成触发器
74LS74 原理

任务要求

在 Multisim 仿真软件中验证 74LS74 双上升沿 D 触发器的相关功能。

任务目标

集成触发器
74LS74 应用

· 了解集成触发器的使用方法;
· 熟悉 D 触发器的功能。

仿真内容

1.启动 Multisim 14.0,单击电子仿真软件 Multisim 14.0 基本界面元器件工具条上的"Place TTL."按钮,从弹出的对话框"Family"栏中选择"74LS",再在"Component"栏中选取"74LS74",将它们放置在电子平台上。

2.单击元器件工具条上的"Place Indicator"按钮,从弹出的对话框"Family"栏中选择"PROBE",再在"Component"栏中选取"PROBE_RED",如图 3-22 所示,单击对话框右上角的"OK"按钮,将指示灯放置在电子平台上。

3.将其他元器件全部选好,并按图 3-24 连成仿真电路。

4.开启仿真开关,将仿真结果记录在表 3-7 中,并分析仿真结果。

表 3-7 集成 D 触发器功能验证表

CP	$\overline{S_d}$	$\overline{R_d}$	D	Q^n	Q^{n+1}	逻辑功能
×	1	0	×	×		
×	0	1	×	×		
↑	1	1	0	0		
↑	1	1	0	1		
↑	1	1	1	0		
↑	1	1	1	1		

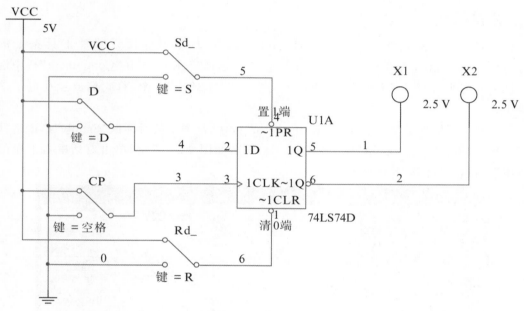

图 3-24 双上升沿 D 触发器仿真图

分析与讨论

1. D 触发器与 JK 触发器使用时需要注意什么？

2. D 触发器有什么样的逻辑功能？具有什么其他应用？

3. 拓展：如何修改，可以把上述 D 触发器变换成 T′触发器？

3.3.3 四人抢答器电路的仿真

任务要求

用 5 个开关、6 个 74LS00 两输入与非门、4 个 74LS20 四输入与非门和灯泡模拟一个带总清零及抢答控制开关的四人抢答器。J_1 为总清零及抢答控制开关，当被按下时抢答电路清零,松开后则允许抢答。由抢答开关 $J_2 \sim J_5$ 实现抢答信号的输入。当 $J_2 \sim J_5$ 中的任何一开关被按下时,即有抢答信号输入,与之对应的指示灯被点亮。此时再按其他任何一个抢答开关均无效,指示灯仍保持第 1 个开关按下时所对应的状态不变,直至再次按下清零开关。

任务目标

- 学会用基本 RS 触发器组成抢答器电路;
- 熟悉 Multisim 14.0 的操作环境,掌握用 Multisim 14.0 对四人抢答器进行仿真。

仿真内容

1.启动 Multisim 14.0,单击软件 Multisim 14.0 基本界面元器件工具条上的"PlaceTTL."按钮,从弹出的对话框"Family"栏中选择"74LS",再在"Component"栏中选取两输入与非门"74LS00N" 6 个、四输入与非门"74LS20N" 4 个,将它们放置在电子平台上。

2.单击元器件工具条上的"Place Indicator"按钮,从弹出的对话框"Family"栏中选择"LAMP",再在"Component"栏中选取"5V_1W",如图 3-25 所示,单击对话框右上角的"OK"按钮,将灯泡放置在电子平台上。

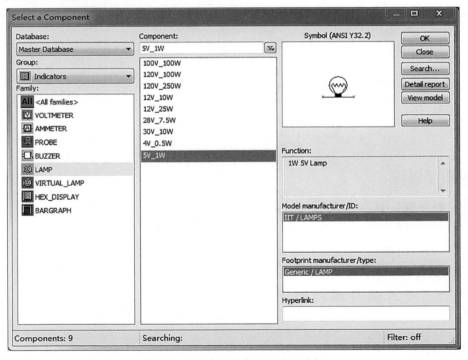

图 3-25　仿真软件中元器件的选择

3.将其他元器件全部选好,并按图 3-26 连成仿真电路。

4.开启仿真开关,将仿真结果记录在表 3-8 中,并分析仿真结果。

表 3-8　抢答器仿真结果记录表

输入					输出(灯亮记为"1",灯灭记为"0")			
J_1	J_2	J_3	J_4	J_5	X_1	X_2	X_3	X_4
0								
0→1								
0→1								
0→1								

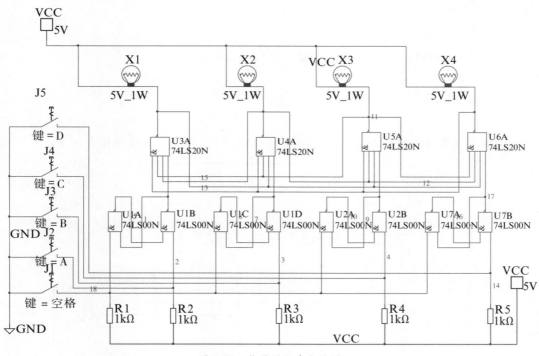

图 3-26　抢答器仿真电路图

实训报告

1.画出仿真电路图。

2.分析四人抢答器的工作原理。

3.记录并分析仿真结果。

分析与讨论

总结本次仿真实训中遇到的问题及其解决方法。

实践2　四人抢答器电路的设计与调试

任务要求

结合触发器的功能特点,用 RS 触发器设计一个具有记忆功能的四人抢答器电路。

任务目标

- 掌握常用逻辑门电路的功能与应用;
- 正确连接电路并实现其逻辑功能。

3.4.1　电路功能介绍

抢答器电路如图 3-27 所示,S 为手动清零控制开关,$S_1 \sim S_4$ 为抢答开关。

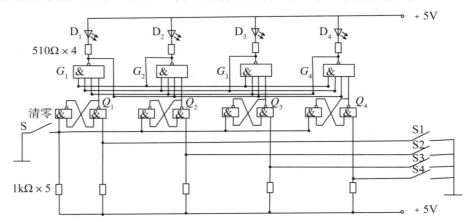

图 3-27　四人抢答器电路原理图

该电路具有如下功能:

(1)开关 S 为总清零及抢答控制开关(可由主持人控制)。当开关 S 被按下时抢答电路清零,松开后则允许抢答。由抢答开关 $S_1 \sim S_4$ 实现抢答信号的输入。

(2)当有抢答信号输入(开关 $S_1 \sim S_4$ 中的任何一个开关被按下)时,与之对应的指示灯被点亮。此时再按其他任何一个抢答开关均无效,指示灯仍"保持"第 1 个开关按下时所对应的状态不变。

3.4.2　电路连接与调试

1.电路连接

检测所用的芯片(74LS00、74LS20),按图 3-27 连接电路。先在电路板上插接好 IC 芯片。在插接器件时,要注意 IC 芯片的豁口方向(都朝左侧),同时要保证 IC 芯片的引脚与插座接触良好,引脚不能弯曲或折断。指示灯的正、负极不能接反。在通电前先用万用表检查各 IC 芯片的电源接线是否正确。

2.电路调试

首先按抢答器功能进行操作,若电路满足要求,则说明电路没有故障;若某些功能不能实现,就要设法查找并排除故障。排除故障可按信号流程的正向(由输入到输出)查找,也可按信号流程的逆向(由输出到输入)查找。

例如,当有抢答信号输入时,观察对应指示灯是否点亮,若不亮,则可用万用表分别测量相关与非门输入、输出端电平状态是否正确,由此检查线路的连接及芯片的好坏。

若抢答开关按下时指示灯亮,松开时又灭掉,则说明电路不能保持,此时应检查与非门相互间的连接是否正确,直至排除所有故障为止。

3.电路功能试验

(1)按下清零开关 S 后,所有指示灯灭。

(2)按下 $S_1 \sim S_4$ 中的任何一个开关(如 S_1),与之对应的指示灯(VL_1)应被点亮,此时再按其他开关均无效。

(3)按下总清零开关 S,所有指示灯应全部熄灭。

(4)重复步骤(2)和(3),依次检查各指示灯是否被点亮。

将测试结果记录到表 3-9 中。

表 3-9　逻辑功能表

S	S_4	S_3	S_2	S_1	Q_4	Q_3	Q_2	Q_1	D_4	D_3	D_2	D_1
0	0	0	0	1								
0	0	0	1	0								
0	0	1	0	0								
0	1	0	0	0								
0	0	0	0	0								
1	0	0	0	1								
1	0	0	1	0								
1	0	1	0	0								
1	1	0	0	0								
1	0	0	0	0								

项目小结

　　触发器是数字逻辑电路的基本单元电路,一般定义 Q 端的状态为触发器的输出状态,它有 0 和 1 两个稳定的工作状态。当没有外加信号作用时,触发器维持原来的稳定状态不变,在一外加信号作用下,可以从一个稳态转变为另一个稳态。触发器可用于存储二进制数据。

　　触发器的种类很多,按逻辑功能分常见的有 RS 触发器、JK 触发器、D 触发器、T 触发器及 T' 触发器等;按触发方式分常见的有电平触发、主从触发和边沿触发等。

　　RS 触发器是一个基本的触发器,JK 触发器和 D 触发器是两个应用较多的触发器,学习时要掌握它们的逻辑功能表。要牢记:触发器的翻转条件是由触发输入与时钟脉冲共同决定的,即当时钟脉冲作用时触发器可能翻转,而是否翻转和如何翻转则取决于触发器的输入。

　　触发器的逻辑功能可用状态表、激励表、特性方程、状态图和时序图来表示。

　　目前,各种触发器大多通过集成电路来实现。对这类集成电路的内部情况不必十分关注,因为学习数字电路的目的不是设计集成电路的内部电路。学习时,只需将集成电路触发器视为一个整体,掌握它所具有的功能、特点等外部特性,能够合理选择并正确使用各种集成电路触发器就可以了。

习 题

　　3.1　双稳态触发器有两个基本性质,一是 _____ ,二是 _____ 。

　　3.2　由与非门构成的基本 RS 触发器,正常工作时必须保证输入 $\overline{R}_d$、$\overline{S}_d$ 中至少有一个为 _____ ,即必须满足约束条件 _____ 。

　　3.3　具有直接复位端 $\overline{R}_d$ 和置位端 $\overline{S}_d$ 的触发器,当触发器处于受 CP 脉冲控制的情况下工作时,应使 $\overline{R}_d =$ _____ , $\overline{S}_d =$ _____ 。

　　3.4　同步 RS 触发器的特征方程为 _____ ,JK 触发器的特性方程为 _____ ,D 触发器的特性方程为 _____ 。

　　3.5　已知主从型 JK 触发器的 CP、J、K 波形如图 3-28 所示,设初态 $Q=0$,试画出在 CP 脉冲作用下输出端 Q 的波形。

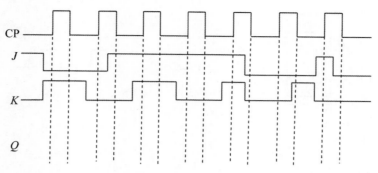

图 3-28　习题 3.5 图

3.6　触发器如图 3-29 所示，设初态 $Q=0$，试画出 Q 的输出波形。

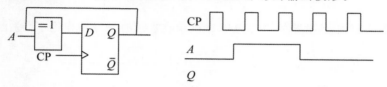

图 3-29　习题 3.6 图

3.7　电路如图 3-30 所示，已知 CP 端和 A 端的波形，设 D 触发器初态 $Q=0$，试画出 D 端和 Q 端的波形。

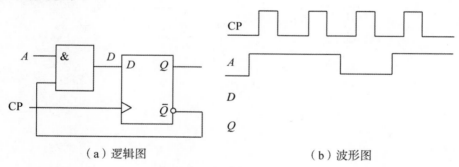

（a）逻辑图　　　　　　　　　（b）波形图

图 3-30　习题 3.7 图

3.8　已知 D 触发器的 D 端和 CP 端电压波形如图 3-21 所示，试画出 Q 端的输出信号（设初态为 1）。

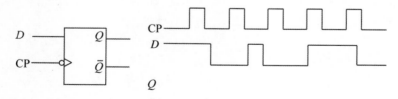

图 3-31　习题 3.8 图

3.9　图 3-32 中各触发器的初态均为 0，试画出在连续时钟脉冲作用下，输出端的波形。

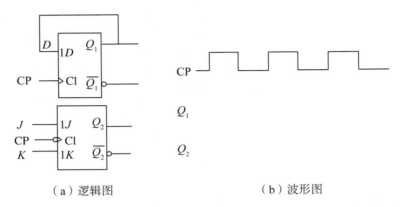

（a）逻辑图　　　　　　　　　　　　（b）波形图

图 3-32　习题 3.9 图

3.10　图 3-33 中触发器的初态为 0，试画出在连续时钟脉冲作用下，输出端的波形。

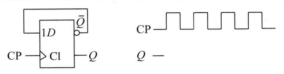

图 3-33　习题 3.10 图

3.11　图 3-34 中触发器的初态为 0，试画出在连续时钟脉冲作用下，输出端的波形。

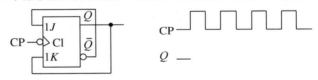

图 3-34　习题 3.11 图

项目4

计数器电路的设计与制作

机动车给我们生活提供方便的同时,也产生了一系列问题,例如道路交通事故、环境污染等。2019年中国交通发生数量为24.8万起,造成直接财产损失为13.46亿元,其中闯红灯事故在其中占比较高,随着智慧交通的发展,红绿灯倒计时计数器在现代交通体系中起到了举足轻重的作用,利用大数据、人工智能等技术来分析复杂路口车流人流情况,进而智能决策红绿灯倒计时计数器的显示成为交通研究领域的一个重要课题。计数器是在触发器的基础上发展而来的,是一种典型的时序逻辑电路。

项目介绍

计数器广泛应用于日常生活中的各种电子设备,给人们的工作、生活和娱乐带来了极大的方便。计数器是对输入的时钟脉冲CP进行计数的时序逻辑电路,按计数的进制不同,计数器可分为二进制计数器、十进制计数器、其他进制计数器和可变进制计数器等类型;按照触发器是否同时翻转,可分为同步计数器和异步计数器两类;按计数的顺序可分为加法计数器、减法计数器及加/减法计数器等。

本项目通过对给定CD4518十进制同步计数器逻辑功能表的分析,结合计数分频电路的学习,设计与装调二十四进制计数电路。本项目电路的功能是对输入脉冲的个数进行递增计数,将计数器输出的二进制代码输入到译码显示电路,通过译码显示电路将所计脉冲数显示出来。

本项目中专题部分详细地介绍了计数器的工作原理、时序逻辑电路的分析方法、集成计数器的工作原理及电路设计、寄存器的工作原理和功能应用。

计数器是数字系统中的常用器件,除具有计数功能外,还可用于定时、分频及进行数字运算等。大家在学习过程中要重点把握两点:①要能够熟练应用时序逻辑电路的分析方法,判断 N 进制时序逻辑电路的逻辑功能。②要能够根据集成计数器的逻辑功能表,熟练设计不同进制计数器。

项目要求

用十进制同步计数器设计和制作二十四进制计数电路。

项目目标

· 熟悉计数器的分析方法；
· 掌握中规模集成计数器 7490、74161、CD4518 的逻辑功能表；
· 熟练用集成计数器 7490、74161、CD4518 设计计数器；
· 能根据计数器逻辑功能表设计计数器。

专题 1 二进制计数器

专题要求

学习时序逻辑电路的分析方法、计数器的分类和典型计数器的工作过程。

专题目标

· 了解二进制计数器的应用；
· 熟悉二进制计数器的分析方法。

4.1.1 时序逻辑电路分析方法

时序逻辑电路
的分析方法

1.确定电路时钟脉冲触发方式,写时钟方程

时序逻辑电路(简称时序电路)可分为同步时序电路和异步时序电路。同步时序电路中各触发器的时钟端均与总时钟端相连,即 $CP_1 = CP_2 = CP_3 = \cdots = CP$,这样在分析电路时每一个触发器所受的时钟控制是相同的,可总体考虑。而异步时序电路中各触发器的时钟端不是完全相同的,故在分析电路时需要分别考虑,以确定各触发器的翻转条件。

2.列方程组:驱动方程、次态方程、输出方程

驱动方程即为各触发器输入信号的逻辑表达式,它们决定着触发器次态方程,驱动方程必须根据逻辑电路图的连线得出。次态方程也称状态方程,它表示了触发器次态和现态之间的关系,它是将各触发器的驱动方程代入特性方程而得到的。若电路有外部输出,如计数器的进位输出等,则可写出电路的输出方程。

3.列状态转换表,画状态转换图、时序图

状态转换表是将电路所有现态依次列举出来,再分别代入次态方程中求出相应的次态并列成表,通过状态转换表分析电路的转换规律。状态转换图是将状态转换表变成了图形的形式。时序图即为该电路的波形图。

4.分析电路的逻辑功能,判断是否具有自启动功能

以上归纳的只是一般的分析方法,在分析每个具体的电路时不一定都需要按上述步骤按部就班地进行。例如对于一些简单的电路,有时可以直接列出状态转换表并得到状态转换图。此外在分析异步时序逻辑电路时,原则上仍然可以按上述步骤进行。不过由于异步时序逻辑电路中的触发器不是共用同一个时钟信号,所以每次电路状态发生转换时,不一定每一个触发器都有时钟信号到达,而且加到不同触发器上的时钟信号在时间上也可能有先有后。而只有在时钟信号到达时,触发器才会按照状态方程决定的次态翻转,否则触发器的状态将保持不变。因此,在每次电路状态发生转换时,必须首先确定每一个触发器是否会有时钟信号到达以及到达的时间,然后才能按状态方程确定它的次态。显然,异步时序逻辑电路的分析要比同步时序逻辑电路的分析更复杂一些。

时序逻辑电路分析举例

【例 4.1】 试分析图 4-1 所示电路的功能。要求步骤齐全,要列出相应函数式和状态转换真值表,画出状态转换图和时序图。

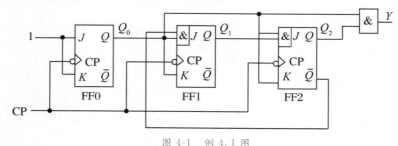

图 4-1 例 4.1 图

解 由图 4.1 所示电路可以看出,该电路是一个同步时序逻辑电路,依分析步骤有:

(1)写出时钟方程:

$$CP_0 = CP_1 = CP_2 = CP$$

(2)列方程组,写出驱动方程、次态方程、输出方程。

驱动方程:

$$J_0 = K_0 = 1$$
$$J_1 = \overline{Q_2^n} Q_0^n \quad K_1 = Q_0^n$$
$$J_2 = Q_1^n Q_0^n \quad K_2 = Q_0^n$$

次态方程:

$$Q_0^{n+1} = J_0 \overline{Q_0^n} + \overline{K_0} Q_0^n = \overline{Q_0^n}$$
$$Q_1^{n+1} = J_1 \overline{Q_1^n} + \overline{K_1} Q_1^n = \overline{Q_2^n} Q_1^n Q_0^n + Q_1^n \overline{Q_0^n}$$
$$Q_2^{n+1} = J_2 \overline{Q_2^n} + \overline{K_2} Q_2^n = \overline{Q_2^n} Q_1^n Q_0^n + Q_2^n \overline{Q_0^n}$$

输出方程:

$$Y = Q_2^n Q_0^n$$

（3）列出状态转换真值表，画状态转换图、时序图

设电路的现态 $Q_2^n Q_1^n Q_0^n = 000$。在连续的脉冲作用下，上一时刻的次态即为下一时刻的现态，依次将电路的现态代入次态方程和输出方程，并将没有出现的其他无效状态列出并代入次态方程和输出方程，可得到表 4-1 所示的状态转换真值表。

表 4-1　例 4.1 的状态转换真值表

CP	现态			次态			输出
	Q_2^n	Q_1^n	Q_0^n	Q_2^{n+1}	Q_1^{n+1}	Q_0^{n+1}	Y
1	0	0	0	0	0	1	0
2	0	0	1	0	1	0	0
3	0	1	0	0	1	1	0
4	0	1	1	1	0	0	0
5	1	0	0	1	0	1	0
6	1	0	1	0	0	0	1
无效状态	1	1	0	1	1	1	0
无效状态	1	1	1	0	0	0	1

根据表 4-1 画出状态转换图和时序图如图 4-2 所示。

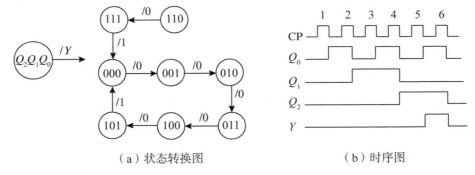

（a）状态转换图　　　　　　　　（b）时序图

图 4-2　例 4.1 逻辑电路的状态转换图和时序图

（4）分析电路逻辑功能

由表 4-1 所示电路的状态转换真值表，或图 4-2 所示电路的状态转换图或时序图，可以看出，图 4-1 所示电路是一个具有自启功能的同步六进制加法计数器（六分频电路）。

4.1.2　异步二进制计数器

在数字电路系统中，往往需要对脉冲的个数进行计数，以实现测量、运算和控制。凡是具有对输入脉冲的个数进行计数功能的电路，称为计数器。计数器不仅能够计数，还可以构成分频器、时间分配器或序列信号发生器，对数字电路系统进行定时和程序控制等。

计数器按进位制可分为二进制计数器、非二进制计数器,按时钟脉冲是否同一可分为同步计数器和异步计数器,按计数增减顺序可分为加法计数器、减法计数器和可逆计数器。

由 K 个触发器组成的二进制计数器称为 K 位二进制计数器,它可以累计 $2^K = N(1, 2, \cdots, 2^k - 1)$ 个二进制数码。

1.异步二进制加法计数器

以异步 3 位二进制加法计数器为例,如图 4-3 所示,它由 3 个 T' 触发器和门电路组成,输出端 C 为进位信号。

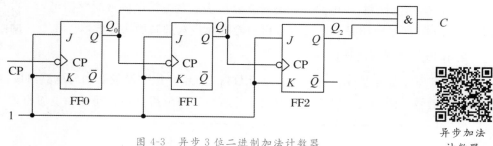

图 4-3　异步 3 位二进制加法计数器

应用时序逻辑电路分析方法对图 4-3 电路进行分析如下:

(1)时钟方程:$CP_0 = CP$;$CP_1 = Q_0^n$;$CP_2 = Q_1^n$

(2)驱动方程:$J_0 = K_0 = 1$;$J_1 = K_1 = 1$;$J_2 = K_2 = 1$

状态方程:$Q_0^{n+1} = \overline{Q_0^n}$;$Q_1^{n+1} = \overline{Q_1^n}$;$Q_2^{n+1} = \overline{Q_2^n}$

输出方程:$C = Q_2^n Q_1^n Q_0^n$

(3)状态转换真值表、状态转换图、时序图

状态转换真值表见表 4-2。

表 4-2　3 位二进制加法计数器的状态转换真值表

CP	现态	次态	输出
	$Q_2^n Q_1^n Q_0^n$	$Q_2^{n+1} Q_1^{n+1} Q_0^{n+1}$	C
1	000	001	0
2	001	010	0
3	010	011	0
4	011	100	0
5	100	101	0
6	101	110	0
7	110	111	0
8	111	000	1

状态转换图和时序图见图 4-4。

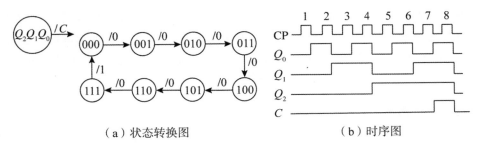

（a）状态转换图　　　　　　（b）时序图

图4-4　异步3位二进制加法计数器的状态转化图和时序图

异步减法
计数器

（4）逻辑功能说明：由电路的状态转换真值表或状态转换图或时序图可以看出，图4-3所示电路是一个具有自启功能的异步八进制加法计数器。

2. 异步二进制减法计数器

图4-5所示为异步3位二进制减法计数器，它由3个 T' 触发器和门电路组成，输出端 B 为借位信号。同理按照时序逻辑电路的分析方法可分析其逻辑功能和工作原理。

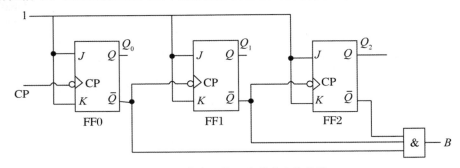

图4-5　异步3位二进制减法计数器

可见，要构成二进制加法或二进制减法计数器，各触发器应具有 T' 触发器的功能，最低位触发器的时钟脉冲输入端接计数脉冲源 CP 端，其他各位触发器的时钟脉冲输入端则应接它们相邻低位的输出端 Q 或 $\overline{Q}$，具体究竟是接 Q 端还是 $\overline{Q}$ 端则应视触发器的触发方式而定。

3. 集成异步二进制计数器

集成异步4位二进制计数器74LS197的引脚排列和逻辑符号图如图4-6所示。

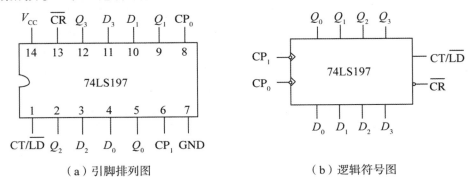

（a）引脚排列图　　　　　　（b）逻辑符号图

图4-6　集成异步4位二进制计数器74LS197

逻辑功能说明:(1)$\overline{CR}=0$ 时异步清零;(2)$\overline{CR}=1$、$CT/\overline{LD}=0$ 时异步置数;(3)$\overline{CR}=1$、$CT/\overline{LD}=1$ 时异步加法计数。若只将 CP 加在 CP_0 端,构成 1 位二进制计数器,仅有 FF_0 工作;若只将 CP 加在 CP_1 端,构成 3 位二进制计数器,FF_0 不工作;若将输入时钟脉冲 CP 加在 CP_0 端,把 Q_0 和 CP_1 连接起来,则构成 4 位二进制即十六进制加法计数器。

4. 异步计数器的特点

异步计数器的最大优点是电路结构简单。其主要缺点是:由于各触发器翻转时存在延迟时间,级数越多,延迟时间越长,因此计数速度慢;同时,由于延迟时间在有效状态转换过程中会出现过渡状态,从而造成逻辑错误。基于以上原因,在高速的数字系统中,大都采用同步计数器。

4.1.3 同步二进制计数器

组成同步二进制计数器的各级触发器使用同一时钟脉冲源,各级触发器状态的变化同步响应。

1. 同步二进制加法计数器

以同步 3 位二进制加法计数器为例,如图 4-7 所示,第一个 JK 触发器作为 T' 触发器,其他 JK 触发器的 J 端和 K 端依次接上一级的 JK 触发器的输出端 Q,输出端 C 为进位信号。

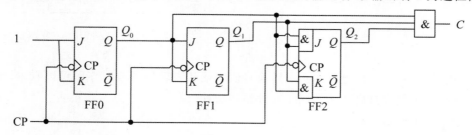

图 4-7 同步 3 位二进制加法计数器

应用时序逻辑电路分析方法对图 4-7 所示电路进行分析如下:

(1)时钟方程:$CP_0=CP_1=CP_2=CP$

(2)驱动方程:$J_0=K_0=1$;$J_1=K_1=Q_0^n$;$J_2=K_2=Q_1^n Q_0^n$

状态方程:$Q_0^{n+1}=\overline{Q_0^n}$;$Q_1^{n+1}=Q_1^n \oplus Q_0^n$;$Q_2^{n+1}=Q_2^n \oplus (Q_1^n Q_0^n)$

输出方程:$C=Q_2^n Q_1^n Q_0^n$

(3)状态转换真值表、状态转换图、时序图

状态转换真值表见表 4-3。

表 4-3　3 位二进制加法计数器的状态转换真值表

CP	现态	次态	输出
	$Q_2^n Q_1^n Q_0^n$	$Q_2^{n+1} Q_1^{n+1} Q_0^{n+1}$	C
1	000	001	0
2	001	010	0
3	010	011	0
4	011	100	0
5	100	101	0
6	101	110	0
7	110	111	0
8	111	000	1

状态转换图和时序图见图 4-8。

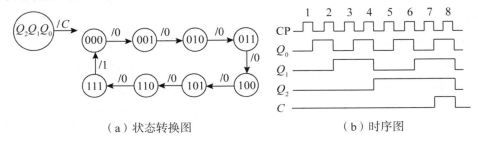

（a）状态转换图　　　　　　　　　（b）时序图

图 4-8　同步 3 位二进制加法计数器的状态转化图和时序图

（4）逻辑功能说明：由电路的状态转换真值表或状态转换图或时序图可以看出，图 4-7 所示电路是一个具有自启功能的同步八进制加法计数器。

2. 同步二进制减法计数器

图 4-9 所示为同步 3 位二进制减法计数器，第一个 JK 触发器作为 T' 触发器，其他 JK 触发器的 J 端和 K 端依次接上一级的 JK 触发器的输出端 $\overline{Q}$，输出端 B 为借位信号。同理按照时序逻辑电路的分析方法可分析其逻辑功能和工作原理。

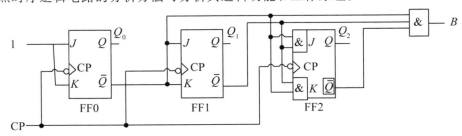

图 4-9　同步 3 位二进制减法计数器

3. 集成同步计数器

集成同步 4 位二进制计数器 74LS161 的引脚排列和逻辑符号图如图 4-10 所示。

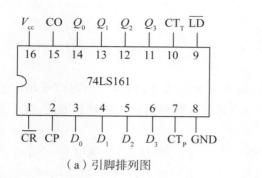 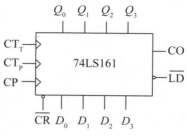

（a）引脚排列图　　　　　　　　　（b）逻辑符号图

图 4-10　四位集成同步二进制加法计数器 74LS161

其中，$\overline{CR}$ 是异步清零端；$\overline{LD}$ 是同步置数端；$D_3 \sim D_0$ 是预置数输入端，利用预置数可改变计数器的模长；$Q_3 \sim Q_0$ 是计数器状态输出端，Q_3 是高位，Q_0 是低位；CT_T、CT_P 是允许计数控制端。74LS161 芯片的功能见表 4-4。

表 4-4　74LS161 功能表

CP	$\overline{CR}$	$\overline{LD}$	CT_T	CT_P	功能说明
×	0	×	×	×	异步清零
↑	1	0	×	×	同步预置数
↑	1	1	1	1	加法计数
×	1	1	0	×	保持
×	1	1	1	0	保持

74LS161 功能说明：（1）$\overline{CR}=0$ 时异步清零；（2）$\overline{CR}=1$、$\overline{LD}=0$ 时同步置数；（3）$\overline{CR}=\overline{LD}=1$ 且 $CT=CT_T \cdot CT_P=1$ 时，按照 4 位自然二进制码进行同步二进制计数；（4）$\overline{CR}=\overline{LD}=1$ 且 $CT=CT_T \cdot CT_P=0$ 时，计数器状态保持不变。

专题 2　十进制计数器

▷ 专题要求

通过对十进制计数器电路的学习，掌握异步计数器的分析方法，并能判断电路能否自启动。

▷ 专题目标

· 了解十进制计数器的应用；

· 熟悉十进制计数器的分析方法。

4.2.1 十进制计数器结构

虽然二进制计数器有电路结构简单、运算方便等优点,但人们仍习惯于用十进制计数,特别是当二进制数的位数较多时,要较快地读出数据就比较困难。因此,数字系统中经常要用到十进制计数器。

十进制计数器的每一位计数单元需要有 10 个稳定的状态,分别用 0～9 十个数码表示。直接找到一个具有 10 个稳定状态的器件是非常困难的,目前广泛采用的方法是用若干个最简单的具有两个稳态的触发器组合成一位十进制计数器。如果用 M 表示计数器的模数,n 表示组成计数器的触发器个数,那么应有 $2^n \geq M$ 的关系。对于十进制计数器而言,$M=10$,则 n 至少为 4,即由 4 个触发器组成 1 个十进制计数器。4 个触发器可组成 4 位二进制计数器,共有 16 个计数状态,用其组成十进制计数器需要剔除多余的 6 个状态,这是需要通过电路的反馈连接方法进行状态截止的,本节将围绕异步十进制计数器进行分析。

图 4-11 给出了异步十进制加法计数器的逻辑电路图,从图中可以看出,各触发器的时钟端不受同一脉冲控制,各个触发器的翻转除了受 D 端控制外,还要看是否具备翻转的条件。

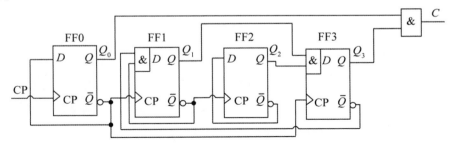

图 4-11 异步十进制加法计数器

应用时序逻辑电路的分析方法对图 4-11 进行分析,分析步骤如下:

(1)时钟方程:$CP_0 = CP$;$CP_1 = \overline{Q_0}$;$CP_2 = \overline{Q_1}$;$CP_3 = \overline{Q_0}$

(2)驱动方程:$D_0 = \overline{Q_0^n}$;$D_1 = \overline{Q_3^n Q_1^n}$;$D_2 = \overline{Q_2^n}$;$D_3 = Q_2^n Q_1^n$

状态方程:$Q_0^{n+1} = \overline{Q_0^n}$;$Q_1^{n+1} = \overline{Q_3^n Q_1^n}$;$Q_2^{n+1} = \overline{Q_2^n}$;$Q_3^{n+1} = Q_2^n Q_1^n$

输出方程:$C = Q_3^n Q_0^n$

(3)状态转换真值表、状态转换图、时序图

状态转换真值表见表 4-5。

表 4-5　十进制加法计数器的状态转换真值表

计数状态	现态 $Q_3^n Q_2^n Q_1^n Q_0^n$	次态 $Q_3^{n+1} Q_2^{n+1} Q_1^{n+1} Q_0^{n+1}$	输出 C	时钟脉冲变化顺序
主计数状态	0000	0001	0	CP↑
	0001	0010	0	CP↑,Q_0↓
	0010	0011	0	CP↑
	0011	0100	0	CP↑,Q_0↓,Q_1↓
	0100	0101	0	CP↑
	0101	0110	0	CP↑,Q_0↓
	0110	0111	0	CP↑
	0111	1000	0	CP↑,Q_0↓,Q_1↓
	1000	1001	0	CP↑
	1001	0000	1	CP↑,Q_0↓
检查自启动	1010	1011	0	CP↑
	1011	0100	1	CP↑,Q_0↓,Q_1↓
	1100	1101	0	CP↑
	1101	0100	1	CP↑,Q_0↓
	1110	1111	0	CP↑
	1111	1000	1	CP↑,Q_0↓,Q_1↓

状态转换图和时序图见图 4-12。

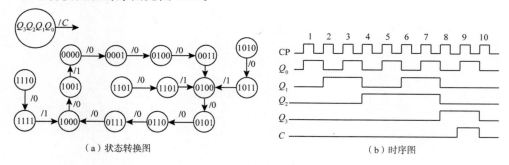

（a）状态转换图　　　　　（b）时序图

图 4-12　异步十进制加法计数器时序图

（4）分析电路逻辑功能：由电路的状态转换真值表或状态转换图或时序图可以看出，图 4-12 所示电路是一个具有自启功能的异步十进制加法计数器。

4.2.2　集成十进制计数器

目前，十进制的集成计数器应用较多，如 74LS90，它兼有二进制、五进制和十进制三种计数功能。当十进制计数时,又有 8421BCD 码和 5421BCD 码选用功能,其功能如表 4-6 所示,引脚排列和逻辑符号图如图 4-13 所示。

表 4-6　74LS90 功能表

复位/置位输入				输出	说明	复位/置位输入				输出	说明
R_1	R_2	S_1	S_2	$Q_3 Q_2 Q_1 Q_0$		R_1	R_2	S_1	S_2	$Q_3 Q_2 Q_1 Q_0$	
1	1	0	×	0000	置0	0	×	0	×	计数	计数
1	1	×	0	0000		×	0	×	0	计数	
0	×	1	1	1001	置9	×	×	0	×	计数	
×	0	1	1	1001		×	0	0	×	计数	

逻辑功能说明:若输入时钟脉冲 CP 接于 CP_0 端,输出端为 Q_0,则构成一位二进制计数器;若输入时钟脉冲 CP 接于 CP_1 端,输出端为 $Q_3 Q_2 Q_1$,则构成一位五进制加法计数器;若输入时钟脉冲 CP 接于 CP_0 端,并将 CP_1 端与 Q_0 端相连,输出端为 $Q_3 Q_2 Q_1 Q_0$,便构成 8421 码异步十进制加法计数器;若将输入时钟脉冲 CP 接于 CP_1 端,并将 CP_0 端与 Q_3 端相连,输出端为 $Q_0 Q_3 Q_2 Q_1$,则构成 5421 码异步十进制加法计数器,其连接方式和工作波形图如图 4-14 所示。由波形图可以看出,Q_0 端输出的是 CP 时钟脉冲经过十分频后的方波。

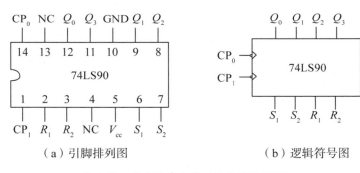

（a）引脚排列图　　　　　　　　（b）逻辑符号图

图 4-13　集成异步十进制计数器 74LS90

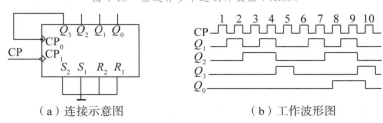

（a）连接示意图　　　　　　　　（b）工作波形图

图 4-14　74LS90 构成 5421 码异步十进制加法计数器

异步计数器结构简单,但由于异步翻转,所以工作速度低,且在进行状态译码时易产生冒险。因此,异步计数器使用受限,主要用作分频。

专题 3　任意进制计数器

▷ **专题要求**

通过本专题学习,能用典型集成计数器芯片实现任意进制计数器。

▷ **专题目标**

- 掌握 7490 和 74161 的逻辑功能表;
- 熟练用 7490 和 74161 设计计数器。

集成计数器属于中规模集成电路,其种类较多,应用也十分广泛。按其工作步调一般可分为同步计数器和异步计数器两大类,通常为 8421BCD 码十进制计数器和 4 位二进制计数器,这些计数器功能比较完善,同时还附加了辅助控制端,可进行功能扩展。现以两个常用集成计数器为例来说明它们的功能及扩展应用。

4.3.1　7490 异步集成计数器

集成异步计数器
74LS90 原理

1. 电路结构

7490 的全称为二-五-十进制计数器,图 4-15(a)所示是它的逻辑电路图,图 4-15(b)、(c)所示是它的逻辑符号。7490 芯片具有 14 个外引线端子,电源 V_{cc}(5 端)、地 GND(10 端)及空端子(4 端、13 端)未在图中表示出来。

由图 4-10(a)可见:

(1)FF_A 触发器具有 T' 触发器功能,是一个 1 位二进制计数器,若在 CP_A 端输入脉冲,则 Q_A 的输出信号是 CP_A 的二分频。

(2)$FF_B \sim FF_D$ 触发器组成异步五进制计数器,若在 CP_B 端输入脉冲,则 Q_D 的输出信号是 CP_B 的五分频。

(3)若将 Q_A 接 CP_B,由 CP_A 输入计数脉冲,由 $Q_D Q_C Q_B Q_A$ 输出,则构成 8421BCD 码十进制计数器;若将 Q_D 接 CP_A,由 CP_B 输入计数脉冲,由 $Q_A Q_D Q_C Q_B$ 输出,则构成 5421BCD 码十进制计数器。

2. 电路功能

(1)复位。当复位输入端 $R_{01} R_{02} = 1$、置 9 输入端 $S_{91} S_{92} = 0$ 时,使各触发器清零,实现计数器清零功能。

(2)置 9。当置 9 输入端 $S_{91} S_{92} = 1$、复位输入端 $R_{01} R_{02} = 0$ 时,可使触发器 FF_A、FF_D 置 1,而 FF_B、FF_C 置 0,实现计数器置 9 功能。即当计数器连接成 8421BCD 码十进制计数

器形式时,则使 $Q_D Q_C Q_B Q_A = 1001$;当计数器连接成 5421BCD 码十进制计数器形式时,则使 $Q_A Q_D Q_C Q_B = 1100$。

因为复位和置 9 均不需要时钟脉冲 CP 作用,因此又称为异步复位和异步置 9。

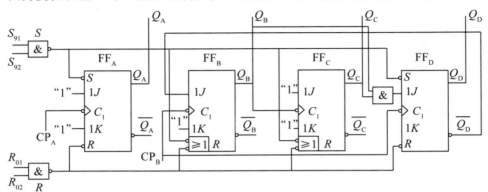

（a）逻辑电路图

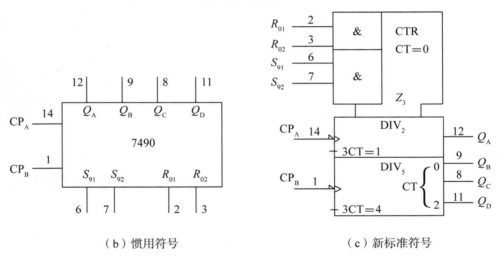

（b）惯用符号　　　　　　　　　（c）新标准符号

图 4-15　74LS90 异步集成计数器

(3)计数。当 $R_{01} R_{02} = 0$、$S_{91} S_{92} = 0$ 时,各触发器恢复 JK 触发器功能而实现计数功能。究竟按什么进制计数,则需要依据外部接线情况而定,可实现二进制、五进制、十进制等计数。时钟脉冲 CP_A、CP_B 下降沿有效。

7490 异步集成计数器的逻辑功能见表 4-7。

表 4-7　7490 的逻辑功能表

输入控制端					输出端			
CP	R_{01}	R_{02}	S_{91}	S_{92}	Q_D	Q_C	Q_B	Q_A
$\times$	1	1	0	$\times$	0	0	0	0
$\times$	1	1	$\times$	0	0	0	0	0

续表

输入控制端					输出端
×	0	×	1	1	
×	×	0	×	×	1　0　0　1
↓	0	×	0	×	
↓	0	×	×	×	
↓	×	0	0	×	计数
↓	×	0	×	0	

3. 构成任意进制计数器

在二—五—十进制计数器的基础上，利用其辅助控制端子，通过不同的外部连接，用 7490 异步集成计数器可构成任意进制计数器。

集成异步计数器
74LS90 应用

【**例 4.2**】　用 7490 构成六进制加法计数器。

解　图 4-16(a)是用 7490 异步集成计数器构成的六进制加法计数器的逻辑电路图，图 4-16(b)是它的时序图。图 4-16(a)中，将 Q_A 接 CP_B，计数脉冲由 CP_A 接入，使 7490 连接成 8421BCD 码加法计数器。若将 Q_C、Q_B 反馈至 R_{01} 和 R_{02}，当计数至 0110 时，计数器被迫复位。因此计数器际计数循环为 0000～0101 六个有效状态，跳过了 0110～1001 四个无效状态，构成模 6 计数器。由时序图可见，"0110"状态有一个极短暂的过程，一旦计数器复位，该状态就消失了。

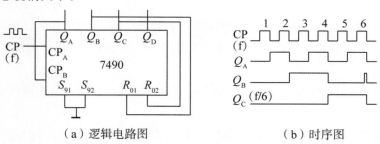

（a）逻辑电路图　　　　　（b）时序图

图 4-16　74LS90 构成的六进制加法计数器

这种用反馈复位使计数器清零跳过无效状态，构成所需进制计数器的方法，称为反馈复位法。

【**例 4.3**】　用 7490 构成八十二进制计数器。

解　两片 7490 均接成 8421BCD 码十进制计数器形式，将个位片的进位输出 Q_D 接至十位片的计数脉冲输入端 CP，两片 7490 就可级联成一个 8421BCD 码的一百进制计数器。图 4-17(a)所示为由两片 7490 构成的经过反馈控制的八十二进制计数器。

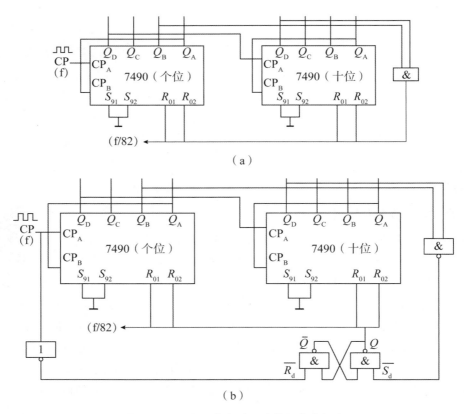

图 4-17 74LS90 构成的六进制加法计数器

当十位片计数至"8"（即 1000）和个位片计数至"2"（即 0010）时，与门输出高电平，使计数器复位。与门输出又是八十二进制计数器的进位输出端，可获得 CP 脉冲的 82 分频信号。

由此可见，运用反馈复位法，改变与门输入端接线，7490 集成芯片可构成任意进制计数器。

图 4-17(a)所示电路的缺点是可靠性较差。当计数到 82 值时，与门立刻输出正脉冲使计数器复位，迫使计数器迅速脱离 82 状态，所以正脉冲极窄。由于器件制造的离散性，集成计数器的复位时间有长有短，复位时间短的芯片一旦复位变为 0，正脉冲立刻消失，这就可能使复位时间较长的芯片来不及复位，于是计数不能恢复到全 0 状态，造成误动作。为了克服这一缺点，常采用图 4-17(b)所示的改进电路，当计数到 82 值时，与非门输出负脉冲将基本 RS 触发器置 1，使计数器复位。基本 RS 触发器的作用是将与非门输出的反馈复位窄脉冲锁住，直到计数脉冲作用完（对下降沿触发器指的是 CP＝0 期间）为止。因而，Q 端输出脉冲有足够的宽度，保证计数器可靠复位。到下一个计数脉冲上升沿到来时，$\overline{R}_\mathrm{d}＝0$，基本 RS 触发器置 0，将复位信号撤销，并从 CP 脉冲下降沿开始重新循环计数。

若使用上升沿触发的触发器构成的计数器，则图 4-17(b)中的与非门改为与门即可。

同步集成计数
器 74161 原理

4.3.2   74161 同步集成计数器

1. 电路功能

图 4-18(a)给出了 74161 的 4 位同步二制计数器的逻辑电路图,它由 4 个 JK 触发器和一些辅助控制电路组成。

74161 共有 16 个外引线端子,如图 4-18(b)所示,除电源 V_{CC}(16 端)及地 GND(8 端)外,其余的输入、输出端子均在图 4-18(c)所示的惯用符号图中表示出来。

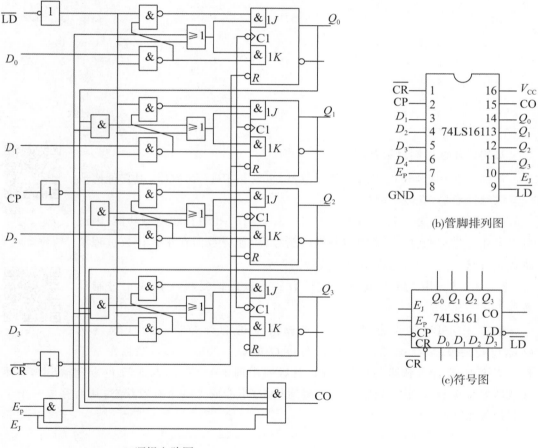

(a)逻辑电路图

(b)管脚排列图

(c)符号图

图 4-18   74161 同步集成计数器

(1)异步清零。当 $\overline{C_r}=0$ 时,计数器为全零状态。因清零不需与时钟脉冲 CP 同步作用,因此称为异步清零。清零控制信号 $\overline{C_r}$ 低电平有效。

(2)同步预置。当清零控制端 $\overline{C_r}=1$、使能端 $P=T=1$、预置控制端 $\overline{L_D}=0$ 时,电路可实现同步预置数功能,即在 CP 脉冲上升沿作用下,计数器输出 $Q_D Q_C Q_B Q_A = DCBA$。

（3）保持功能。当$\overline{L_D}=\overline{C_r}=1$时，只要$P$、$T$中有一个为0，即封锁了四个触发器的$J$、$K$端使其全为0，此时无论有无CP脉冲，各触发器状态保持不变。

（4）计数当$\overline{L_D}=\overline{C_r}=P=T=1$时，电路可实现4位同步二进制加法计数器功能。当此计数器累加到"1111"状态时，溢出进位输出端$\overline{O_c}$输出一个高电平的进位信号。

值得注意的是：74161内部采用的是下降沿触发的JK触发器，但CP脉冲是经过非门后才引入JK触发器时钟端的，因此集成芯片的同步预置和计数功能均是在CP脉冲上升沿实现的。74161的逻辑功能表见表4-8。

表 4-8　74161 的逻辑功能表

| | 输入 | | | | | | | | 输出 | | | |
CP	$\overline{C_r}$	$\overline{L_D}$	P	T	D	C	B	A	Q_D	Q_C	Q_B	Q_A
×	0	×	×	×	×	×	×	×	0	0	0	0
↑	1	0	×	×	D	C	B	A	D	C	B	A
×	1	1	0	×	×	×	×	×	保持			
×	1	1	×	0	×	×	×	×	保持			
↑	1	1	1	1	×	×	×	×	计数			

2. 构成任意进制计数器

74161是集成4位同步二进制计数器，也就是模16计数器，用它可构成任意进制计数器，有以下两种方法。

（1）反馈复位法与7490集成计数器一样，74161也有异步清零功能，因此可以采用反馈复位法，使清零控制端$\overline{C_r}$为零，迫使计数器在正常计数过程中跳过无效状态，实现所需进制的计数器。

基于 74161 构成任意进制计数器

【例4.4】 用74161同步集成计数器通过反馈复位法构成十进制计数器。

解 图4-19所示是用74161构成的十进制计数器。当计数器从$Q_D Q_C Q_B Q_A=0000$状态开始计数，计到$Q_D Q_C Q_B Q_A=1001$时，计数器正常工作。当第10个计数脉冲上升沿到来时计数器出现1010状态，与非门D立刻输出"0"，使计数器复位至0000状态，使1010为瞬间状态，不能成为一个有效状态，从而完成一个十进制计数循环。

74LS161 的综合应用

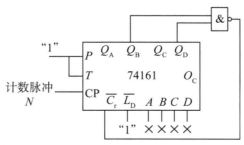

图 4-19　反馈复位法实现十进制计数器

（1）反馈预置法利用 74161 具有的同步预置功能,通过反馈使计数器返回至预置的初态,也能构成任意进制计数器。

【例 4.5】　用 74161 同步集成计数器通过反馈预置法构成十进制计数器。

解　图 4-20(a)所示为按自然序态变化的十进制计数器电路。图中,$A=B=C=D=0$,$\overline{C_r}=1$,当计数器从 $Q_D Q_C Q_B Q_A=0000$ 开始计数后,计到第 9 个脉冲时,$Q_D Q_C Q_B Q_A=1001$,此时与非门 D 输出"0",使 $\overline{L_D}=0$,为 74161 同步预置做好了准备。当第 10 个 CP 脉冲上升沿作用时,完成同步预置,使 $Q_D Q_C Q_B Q_A=DCBA=0000$,计数器按自然序态完成 0~9 的进制计数。

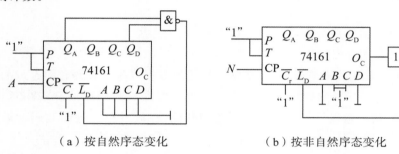

（a）按自然序态变化　　　　　（b）按非自然序态变化

图 4-20　反馈预置法实现十进制计数器

与用异步复位实现的反馈复位法相比,这种方法构成的 N 进制计数器,在第 N 个脉冲到来时,输出端不会出现瞬间的过渡状态。

另外,利用 74161 的溢出进位输出端 O_C 也可实现反馈预置,构成任意进制计数器。例如,把 74161 的初态预置成 $Q_D Q_C Q_B Q_A=1001$ 状态,利用溢出进位输出端 O_C 形成反馈预置,则计数器就在 0110~1111 的后 10 个状态间循环计数,构成按非自然序态计数的十进制计数器,如图 4-20(b)所示。

当计数模数 $M>16$ 时,可以利用 74161 的溢出进位信号 O_C 去连接高 4 位的 74161 芯片,构成 8 位二进制计数器等,读者可自行思考实现的方案。

想一想

1. 如何用 7490 设计七十九进制计数器?

2. 如何用 74161 设计七进制计数器(用两种方法)?

3. 总结归纳用集成计数芯片设计 N 进制计数器的两种方法。

寄存器和移
位寄存器

专题4 寄存器和移位寄存器

▷ **专题要求**

通过本专题学习，了解寄存器和移位寄存器的组成结构、逻辑功能及其应用。

▷ **专题目标**

- 了解寄存器的基本概念；
- 熟悉移位寄存器的工作原理。

在计算机或其他数字系统中，经常要求将运算数据或指令代码暂时存放起来。能够暂存数码（或指令代码）的数字器件称为寄存器。要存放数码或信息，就必须有记忆单元——触发器，每个触发器能存储 1 位二进制数码，存放 n 位二进制数码就需要 n 个触发器。

寄存器能够存放数码，移位寄存器除具有存放数码的功能外，还能将数码移位。

4.4.1 寄存器

寄存器要存放数码，必须有以下三个方面的功能：

(1)数码要存得进。

(2)数码要记得住。

(3)数码要取得出。

因此，寄存器中除触发器外，通常还有一些用于控制的门电路相配合。

在数字集成电路手册中，寄存器通常有锁存器和寄存器之别。实际上，锁存器常指用同步型触发器构成的寄存器；而一般所说的寄存器是指用无空翻现象的时钟触发器（即边沿型触发器）构成的寄存器。

图 4-21 所示为由 D 触发器组成的 4 位数码寄存器，将待寄存的数码预先分别加在各 D 触发器的输入端，在存数指令（CP 脉冲上升沿）的作用下，待存数码将同时存入相应的触发器中，又可以同时从各触发器的 Q 端输出，所以称其为并行输入、并行输出的寄存器。

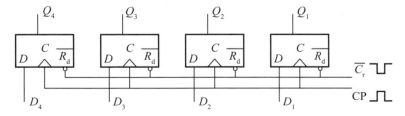

图 4-21　4 位数码寄存器

这种寄存器的特点是,在存入新的数码时自动清除寄存器的原始数码,即只需要一个存数脉冲就可将数码存入寄存器,常称其为单拍接收方式的寄存器。

集成寄存器的种类很多,在掌握其基本工作原理的基础上,通过查阅手册可进一步了解其特性并灵活应用。

4.4.2 移位寄存器

寄存器中存放的各种数码,有时需要依次移位(或低位向相邻高位移动,或高位向相邻低位移动),以满足数据处理的需求。例如将一个 4 位二进制数左移一位相当于该数进行乘以 2 的运算,右移一位相当于该数进行除以 2 的运算。具有移位功能的寄存器称为移位寄存器。

1.单向移位寄存器

由 D 触发器构成的右移寄存器如图 4-22 所示。左边触发器的输出接至相邻右边触发器的输入端 D,输入数据由最左边触发器FF$_0$的输入端 D_0 接入,D_0 为串行输入端,Q_3 为串行输出端,$Q_3 \sim Q_0$ 为并行输出端。

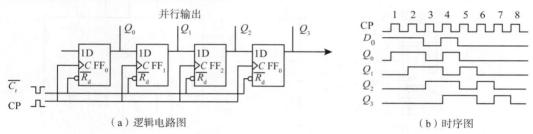

(a)逻辑电路图   (b)时序图

图 4-22 单向右移寄存器

设寄存器的原始状态为 $Q_3Q_2Q_1Q_0 = 0000$,将数据 1101 从高位至低位依次移至寄存器时,因为逻辑电路图中最高位寄存器单元FF$_3$ 位于最右侧,因此需先送入最高位数据,则:

第 1 个 CP 到来时,$Q_3Q_2Q_1Q_0 = 0001$;

第 2 个 CP 到来时,$Q_3Q_2Q_1Q_0 = 0011$;

第 3 个 CP 到来时,$Q_3Q_2Q_1Q_0 = 0110$;

第 4 个 CP 到来时,$Q_3Q_2Q_1Q_0 = 1101$。

此时,并行输出端 $Q_3Q_2Q_1Q_0$ 的数码与输入相对应,完成了将 4 位串行数据输入并转换为并行数据输出的过程,时序图如图 4-22(b)所示。显然,若以 Q_3 端作为输出端,再经 4 个 CP 脉冲后,已经输入的并行数据可依次从 Q_3 端串行输出,即可组成串行输入、串行输出的移位寄存器。

如果将右边触发器的输出端接至相邻左边触发器的数据输入端,待存数据由最右边触发器的数据输入端串行输入,则构成左移移位寄存器。请读者自行画出左移移位寄存器的电路图。

除了用 D 触发器外，也可用 JK、RS 触发器构成寄存器，只需将 JK、RS 触发器转换为 D 触发器功能即可。但 T 触发器不能用来构成移位寄存器。

2. 双向移位寄存器

在单向移位寄存器的基础上，增加由门电路组成的控制电路就可以构成既能左移也能右移的双向移位寄存器。图 4-23 所示为 74194 4 位双向通用移位寄存器的逻辑电路图和逻辑符号。

（1）电路结构

74194 4 位双向通用移位寄存器（741S194、74S194 等）的逻辑电路图如图 4-23（a）所示，它由 4 个下降沿触发的 RS 触发器和 4 个与或（非）门及缓冲门组成。对外共 16 个引线端子，其中 16 端为电源端子，8 端为地 GND 端子。A、B、C、D（3～6 端子）为并行数据输入端，Q_A、Q_B、Q_C、Q_D（15、14、13、12 端子）为并行输出端，D_L（7 端子）为左移串行数据输入端，D_R（2 端子）为右移串行数据输入端，$\overline{C_r}$（1 端子）为异步清零端，CP（11 端子）为脉冲控制端，S_1、S_0（9、10 端子）为工作方式控制端。

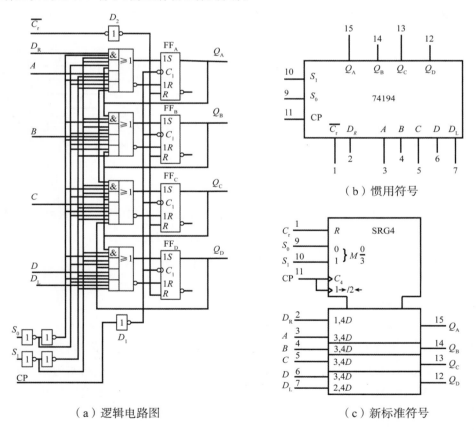

（a）逻辑电路图　　　（c）新标准符号

图 4-23　74194 4 位双向通用移位寄存器

（2）逻辑功能

74194 4 位双向通用移位寄存器主要有以下几种逻辑功能：

1）异步清零。当 $\overline{C_r}=0$ 时，经缓冲门 D_2 送到各 RS 触发器一个复位信号，使各触发器在该复位信号作用下清零。因为清零工作不需要 CP 脉冲的作用，故称为异步清零。移位寄存器正常工作时，必须保持 $\overline{C_r}=1$（高电平）。

2）静态保持。当 CP＝0 时，各触发器没有时钟变化沿，因此将保持原来状态。

3）正常工作时，双向移位寄存器有以下几种功能：

①并行置数。当 $S_1S_0=11$ 时，四个与或（非）门中自上而下的第 3 个与门打开（其他三个与门关闭），并行输入数据 A、B、C、D 在时钟脉冲上升沿作用下，送入各 RS 触发器中（因为 $R=\overline{S}$，所以 RS 触发器工作于 D 触发器功能），即各触发器的次态为

$$(Q_AQ_BQ_CQ_D)^{n+1}=ABCD$$

②右移。当 $S_1S_0=01$ 时，四个与或（非）门中自上而下的第 1 个与门打开，右移串行输入数据 D_R 送入 FF_A 触发器，使 $Q_A^{n+1}=D_R$，$Q_B^{n+1}=Q_A^n$，…，在 CP 脉冲上升沿作用下完成右移。

③左移。当 $S_1S_0=10$ 时，四个与或（非）门中自上而下的第 4 个与门打开，左移串行输入数据 D_L 送入 FF_D 触发器，使 $Q_D^{n+1}=D_L$，$Q_C^{n+1}=Q_D^n$，…，在 CP 脉冲上升沿作用下完成左移。

④保持（动态保持）。当 $S_1S_0=00$ 时，四个与或（非）门中自上而下的第 2 个与门打开，各触发器将其输出送回自身输入端，所以，在 CP 脉冲作用下，各触发器仍保持原状态不变。

由以上分析可见，74194 移位寄存器具有清零、静态保持、并行置数、左移、右移和动态保持功能，是功能较为齐全的双向移位寄存器，其逻辑功能归纳于表 4-9 中。

表 4-9　74194 4 位双向通用移位寄存器的逻辑功能表

输入					输出				功能
清零	方式控制	时钟	串行输入	并行输入					
$\overline{C_r}$	$S_1\ S_0$	CP	$D_L\ \ D_R$	$A\ \ B\ \ C\ \ D$	Q_A^{n+1}	Q_B^{n+1}	Q_C^{n+1}	Q_D^{n+1}	
0	×　×	×	×　×	×　×　×　×	0	0	0	0	清零
1	×　×	0	×　×	×　×　×　×	Q_A^n	Q_B^n	Q_C^n	Q_D^n	保持
1	1　1	↑	×　×	$A\ \ B\ \ C\ \ D$	A	B	C	D	并行置数
1	1　0	↑	0　×	×　×　×　×	Q_B^n	Q_C^n	Q_D^n	0	左移
1	1　0	↑	1　×	×　×　×　×	1	Q_A^n	Q_B^n	Q_C^n	左移
1	0　1	↑	×　0	×　×　×　×	0	Q_A^n	Q_B^n	Q_C^n	右移
1	0　1	↑	×　1	×　×　×　×	1	Q_A^n	Q_B^n	Q_C^n	右移
1	0　0	↑	×　×	×　×　×　×	Q_A^n	Q_B^n	Q_C^n	Q_D^n	保持

想一想

1.什么是寄存器？它具有哪些功能？

2.74194 是什么器件？它具有哪些功能？

实践 1　二十四进制计数器的仿真实践

任务要求

该电路用两个十进制计数器、两个字符译码器和一个四一二输入与非门实现从"00"到"23"的二十四进制计数及显示。个位的 4518 实现 0～9 的计数,十位的 4518 实现 0～2 的计数。74LS248 分别对个位、十位数字进行字符译码,最后通过数码管将计数值显示出来。

任务目标

- 掌握 4518、74LS248 的功能测试和使用方法;
- 掌握 4518、74LS248 等组成二十四进制计数器;
- 掌握用 Multisim 14.0 对二十四进制计数器进行仿真。

4.5.1　二十四进制计数器的仿真

1.单击电子仿真软件 Multisim 14.0 基本界面元器件工具条上的"Place TTL"按钮,从弹出的对话框"Family"栏中选择"74LS",再在"Component"栏中选取"74LS00D"一个、"74LS248N"两个,将它们放置在电子平台上。

2.单击元器件工具条上的"Place CMoS"按钮,从弹出的对话框"Family"栏中选择"CM0S_5V",再在"Component"栏中选取"4518BD_5V"一个,如图 4-24 所示,将它们放置在电子平台上。

3.从元器件工具条中调出其他元器件,连成二十四进制计数器仿真电路,如图 4-25 所示。

4.CLK(CP)的计数脉冲用单刀双掷开关模拟,开启仿真开关,记录并分析仿真结果,见表 4-10。

表 4-10　记录表

脉冲 CP 个数	显示字符	脉冲 CP 个数	显示字符

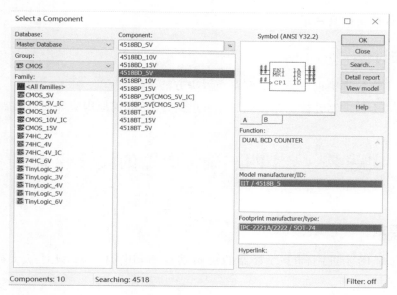

图 4-24　元器件选取

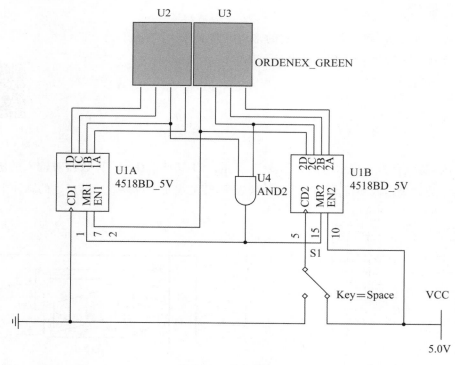

图 4-25　仿真电路图

实训报告

1. 画出仿真电路图。

2. 分析二十四进制计数器的工作原理。

3.记录并分析仿真结果。

分析与讨论

1.总结本次仿真实训中遇到的问题及解决方法。

2.如果二十四进制计数电路按照二十五进制计数,是何原因? 如何解决?

实践 2　二十四进制计数器的设计与调试

任务要求

结合 CD4518 十进制同步计数器的逻辑功能表,用 CD4518 设计二十四进制计数电路。

任务目标

- 熟悉计数器、译码器和显示器的常用电路型号;
- 完成二十四进制计数器的设计与调试;
- 会进行故障的排查。

CMOS 型计数器
电路 CD4518 原理

4.6.1　电路功能介绍

二十四进制计数及显示电路如图 4-26 所示。CD4518、74LS48 计数器对输入的脉冲进行计数,计数结果送入字符译码器并驱动数码管,使之显示单脉冲发生器产生的脉冲个数。

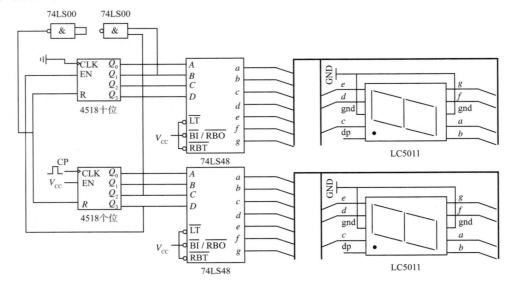

图 4-26　二十四进制计数及显示电路

4.6.2　电路连接与调试

1. 连接电路

初步了解 CD4518、74LS48 和数码管功能,确定 CD4518、74LS48、74LS00 的引脚排列,了解各引脚的功能(CD4518 的逻辑功能见表 4-11)。检测器件,按照电路图 4-26 连接电路,检查电路,确认无误后再接电源。

表 4-11　CD4518 的逻辑功能表

CP	EN	CR	功能
×	×	1	复位
↑	1	0	加计数
0	↓	0	加计数
↓	×	0	保持
×	↑	0	保持
↑	0	0	保持
1	↓	0	保持

2. 电路逻辑关系检测

记录输入脉冲数,同时记录数码管显示的数字,并将结果填入表 4-12 中。

表 4-12　二十四进制计数电路显示测试表

脉冲 CP 个数	显示字符	脉冲 CP 个数	显示字符

🔍 **想一想**

试用 CD4518、7490 及 74161 各设计一个十三进制计数器,想一想三个计数器在设计时有什么区别?

项目小结

通过学习用 CD4518、74LS48 设计二十四进制计数器电路,系统地了解时序逻辑电路的分析和设计方法。

时序逻辑电路是一种有记忆功能的电路。通过时钟方程、驱动方程、次态方程、状态转换表及状态转换图等可以方便地对时序逻辑电路的逻辑功能进行分析。

计数器的逻辑功能表较为全面地反映了计数器的功能,读懂逻辑功能表是正确使用计数器的第一步,要求大家必须熟练掌握。要能够根据不同型号计数器的逻辑功能表熟练设计 N 进制计数器。

计数器和寄存器是简单而又常用的时序逻辑器件,在计算机和其他数字控制系统中起着非常重要的作用。计数器除具有计数功能外,还可用于定时、测量、分频及进行数字运算等。计数器按不同的分类方法有异步计数器和同步计数器、二进制计数器和 N 进制计数器、加法计数器和减法计数器等。

寄存器是一种常见的时序逻辑电路,利用触发器的两个稳定的工作状态来寄存数码 0 和 1,用逻辑门的控制作用实现清除、接收、寄存和输出的功能。

习题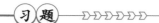

4.1 用集成 CD4518 芯片构成二十四进制时,使用反馈复位法,以下说法正确的是

( )

A. 清零信号低电平有效,因此反馈信号用与非门,再接清零端

B. 清零信号高电平有效,因此反馈信号接与门,再接清零端

C. 清零信号低电平有效,因此反馈信号用与门,再接清零端

D. 清零信号高电平有效,因此反馈信号接与非门,再接清零端

4.2 74160 芯片的功能是 ( )

A. 同步十进制计数器

B. 同步 4 位二进制计数器

C. 异步十进制计数器

D. 异步 4 位二进制计数器

4.3 芯片 7490,当 CPA 输入脉冲,QA 输出 CPA 的 ( )

A. 二分频

B. 五分频

C. 十分频

4.4　试画出图 4-27 所示电路中 Q_1、Q_2 的波形(设初态 $Q_1 = Q_2 = 0$)。

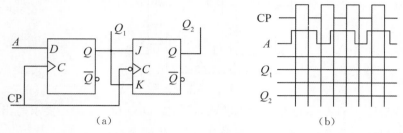

| (a) | | (b) |

图 4-27　习题 4.4 图

4.5　已知触发器电路如图 4-28 所示,试写出输出端 Q_1、Q_2 的逻辑表达式并画出在 CP 脉冲信号作用下输出端 Q 的波形(设初态 $Q_1 = Q_2 = 0$)。

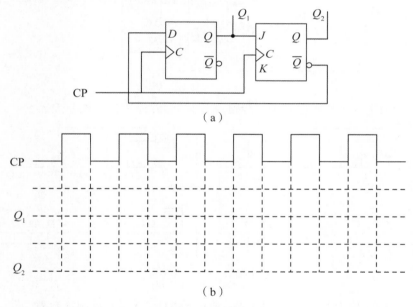

(a)

(b)

图 4-28　习题 4.5 图

4.6　分析图 4-29 所示电路的逻辑功能,设初态 $Q_2 Q_1 Q_0 = 000$。要求写出驱动方程、状态方程,列出状态转换表,画出状态转移图,并分析能否自启动。

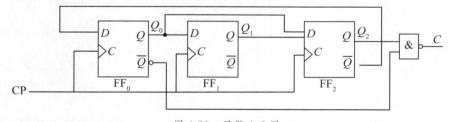

图 4-29　习题 4.6 图

4.7　时序逻辑电路如图 4-30 所示,设初态 $Q_2 Q_1 Q_0 = 000$,试分析其逻辑功能。要求写出驱动方程、状态方程,列出状态转换表,画出状态转移图,并分析能否自启动。

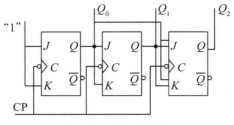

图 4-30 习题 4.7 图

4.8 分析图 4-31 所示电路的逻辑功能,设初态 $Q_2Q_1Q_0=000$。要求写出驱动方程、状态方程,列出状态转换表,画出状态转移图,并分析能否自启动。

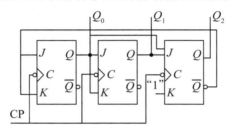

图 4-31 习题 4.8 图

4.9 指出图 4-32 所示电路为多少进制计数器,并简述其工作原理。

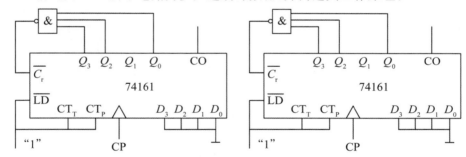

图 4-32 习题 4.9 图

4.10 试用一片 74LS290(见图 4-33)构成 8421BCD 码八进制计数器。

4.11 试用两片 74LS290(见图 4-34)构成 8421BCD 码七十九进制计数器。

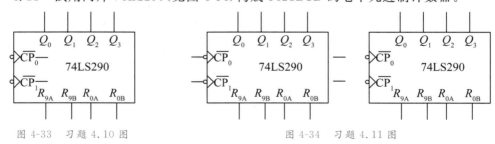

图 4-33 习题 4.10 图　　　　　图 4-34 习题 4.11 图

4.12 74LS161 是集成十六进制加法计数器,试用反馈预置法和反馈复位法将其构成十二进制计数器(见图 4-35)。741LS61 的逻辑功能见表 4-13。

表 4-13　741LS61 的逻辑功能表

$\overline{C_r}$	$\overline{LD}$	CP	CT_T	CT_P		功能
0	×	×	×	×		清零
1	0	↑	×	×		置数
1	1	↑	1	1		计数
1	1	×	0	×		保持
1	1	×	×	0		保持

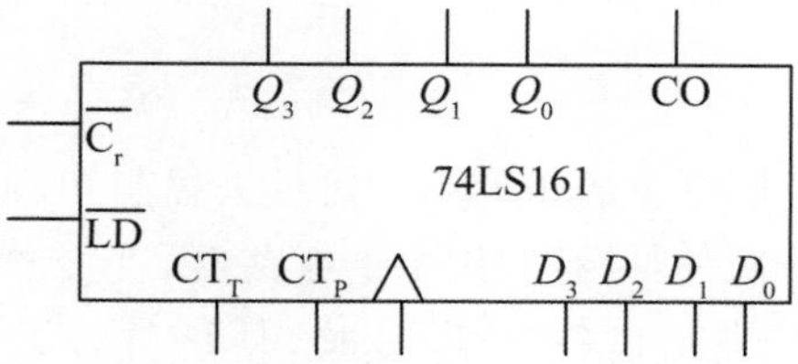

（a）反馈预置法 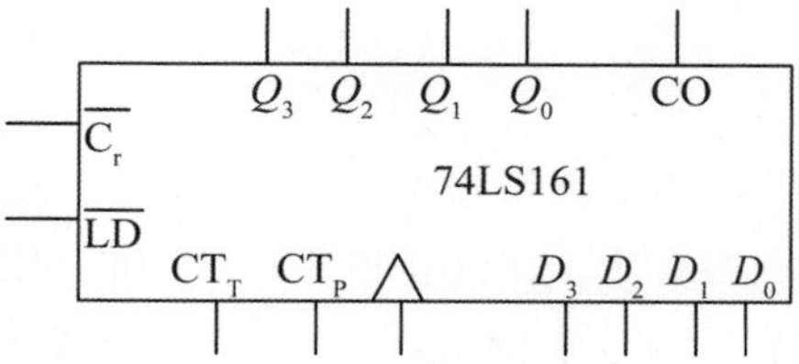　　　　　　　　（b）反馈复位法

图 4-35　习题 4.12 图

4.13　试用一片 CD4518（见图 4-36）设计五十六进制计数器，CD4518 的逻辑功能见表 4-14。

表 4-14　CD4518 的逻辑功能表

CP	EN	CR	功能
×	×	1	复位
↑	1	0	加计数
0	↓	0	加计数
↓	×	0	保持
×	↑	0	保持
↑	0	0	保持
1	↓	0	保持

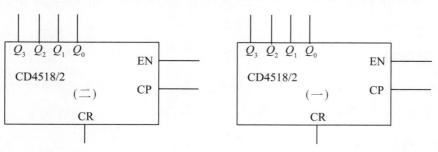

图 4-36　习题 4.13 图

项目5 变音门铃电路的设计与制作

在数字电路系统中,常需要各种不同频率、不同幅度的矩形脉冲信号去控制和协调整个系统的有序工作。获得矩形脉冲的方法主要有两种:一是利用多谐振荡器,直接产生符合要求的矩形脉冲;二是通过整形电路对已有的波形进行整形、变换,使之符合系统的要求。

施密特触发器和单稳态触发器都具有对脉冲波形的整形、变换功能。施密特触发器主要用以将非矩形脉冲变换成上升沿和下降沿都很陡峭的矩形脉冲,而单稳态触发器则主要用以将宽度不符合要求的脉冲变换成符合要求的矩形脉冲。

🕐 项目介绍

555定时器是一种多用途的数字-模拟混合集成电路,利用它可以方便地构成施密特触发器、单稳态触发器和多谐振荡器等。由于使用方便、灵活,所以555定时器在波形的产生与变换、测量与控制、家用电器、电子玩具等许多领域中都有着广泛的应用。

变音门铃电路是由555定时器构成的多谐振荡电路组成的。按下门铃按钮,扬声器发出"叮"的声音;松开按钮后,扬声器发出"咚"的声音;改变电路参数,可以改变门铃"叮""咚"声音的频率以及"咚"余音的长度。

本项目通过变音门电路的设计,帮助同学们掌握555定时器的电路结构、逻辑功能和使用方法,掌握脉冲信号的产生和整形电路的工作原理及实际应用。通过本项目的训练,同学们可以进一步提高数字电路的装调能力。

🕐 项目要求

在理解集成555定时器的电路结构和工作原理的基础上,熟练应用其组成施密特触发器、单稳态触发器、多谐振荡器,并设计变音门铃电路。

🕐 项目目标

· 理解555定时器的电路组成和工作原理;
· 理解555定时器组成施密特触发器的工作原理及应用;

- 理解 555 定时器组成单稳态触发器的工作原理及应用;
- 理解 555 定时器组成多谐振荡器的工作原理及应用。

专题 1 集成 555 定时器

专题要求

详细介绍集成 555 定时器模块的内部结构并理解其功能原理。

专题目标

- 掌握集成 555 定时器的内部组成结构和对外输出引脚;
- 理解集成 555 定时器的逻辑功能表。

5.1.1 集成 555 定时器简介

555 芯片的
内部结构

集成 555 定时器采用双列直插式封装(dual in-line package,DIP)形式,共有 8 个引脚,封装具体名称为 DIP-8,如图 5-1 所示。

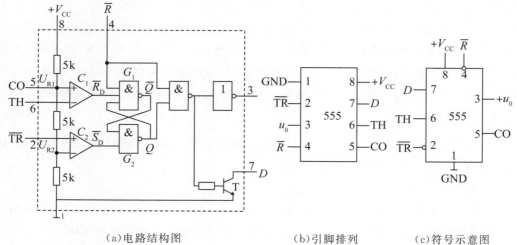

(a)电路结构图   (b)引脚排列   (c)符号示意图

图 5-1 集成 555 定时器(DIP-8)

其管脚功能如下:

1 端 GND 为接地端。

2 端 $\overline{TR}$ 为低电压触发端,也称为触发输入端,由此输入触发脉冲。当 2 端的输入电压高于 $V_{CC}/3$ 时,C_2 的输出为 1;当输入电压低于 $V_{CC}/3$ 时,C_2 的输出为 0。

3 端 u_0 为输出端。

4 端 $\overline{R}$ 是复位端,当 $\overline{R}=0$ 时,基本 RS 触发器直接置 0,使 $Q=0$、$\overline{Q}=1$,优先级最高。

5 端 CO 为电压控制端,如果在 CO 端另加控制电压,则可改变 C_1、C_2 的参考电压。工作中不使用 CO 端时,一般都通过一个 $0.01\mu F$ 的电容接地,以旁路高频干扰。

6 端 TH 为高电平触发端,又称阈值输入端,由此输入触发脉冲。当输入电压低于 $2V_{CC}/3$ 时,C_1 输出为 1;当输入电压高于 $2V_{CC}/3$ 时,C_1 的输出为 0。

7 端 D 为放电端。当基本 RS 触发器的 $\overline{Q}=1$,放电晶体管 T 导通,外接电容元件通过 T 放电。555 定时器在使用中大多与电容器的充放电有关,为了使充放电能够反复进行,电路特别设计了该放电端 D。

8 端 V_{CC} 为电源端,可在 $4.5\sim16V$ 范围内使用;若为 CMOS 电路,则 V_{DD} 可为 $3\sim18V$。

5.1.2　555 定时器电路组成及工作原理

555 定时器是一种结构简单、使用方便灵活、用途广泛的多功能电路,只要外部配接少数几个阻容元件便可组成施密特触发器、单稳态触发器、多谐振荡器等电路。所以 555 定时器在波形的产生与变换、测量与控制、家用电器、电子玩具等许多领域中都有着广泛的应用。正因为如此,世界上各主要电子器件公司都生产了各自的 555 定时器产品。尽管型号繁多,但几乎所有双极型产品型号的最后三位数码均为 555,所以 CMOS 产品型号的最后四位数码均为 7555。而且,它们的逻辑功能与引脚排列都完全相同。为了提高集成度,随后又生产了双 555 定时器产品,双极型的为 556,CMOS 的为 7556。

通常,双极型定时器具有较大的驱动能力,而 CMOS 定时器具有低功耗、输入阻抗高等优点。555 定时器的电源电压工作范围比较宽,双极型 555 定时器为 $5\sim16V$,CMOS 定时器为 $3\sim18V$。555 定时器可以承受较大的负载电流,双极型的可达 200mA,CMOS 的可达 4mA。因此 555 定时器可输出一定的功率,可驱动微型电动机、指示灯、扬声器等负载。

1. 电路组成

555 定时器的内部组成如图 5-1(a)所示,一般由电阻分压器、电压比较器、基本 RS 触发器、放电开关、输出缓冲器等五部分组成。

(1)电阻分压器

电阻分压器是由三个等值的 $5k\Omega$ 电阻串联而成,将电源电压 V_{CC} 分为三等份,作用是为比较器提供两个参考电压 U_{R1} 和 U_{R2},若控制端 CO 悬空或者通过电容接地,则

$$U_{R1}=\frac{2}{3}V_{CC}, U_{R2}=\frac{1}{3}V_{CC}$$

若控制端 C_O 外加控制电压 U_{CO},则

$$U_{R1}=U_{CO}, U_{R2}=\frac{U_{CO}}{2}$$

(2)电压比较器

电压比较器是由两个结构相同的集成运放 C_1、C_2 构成。C_1 用来比较参考电压 U_{R1} 和

高电平输出端电压 U_{TH}。当 $U_{\text{TH}} > U_{\text{R1}}$ 时,集成运放 C_1 输出 $U_{\text{C1}} = 0$;当 $U_{\text{TH}} < U_{\text{R1}}$ 时,集成运放 C_1 输出 $U_{\text{C1}} = 1$。C_2 用来比较参考电压 U_{R2} 和低电平触发端电压 U_{TH}。当 $U_{\text{TH}} > U_{\text{R2}}$ 时,集成运放 C_2 输出 $U_{\text{C2}} = 1$;当 $U_{\text{TH}} < U_{\text{R2}}$ 时,集成运放 C_2 输出 $U_{\text{C2}} = 0$。

（3）基本 RS 触发器

当 $\overline{\text{RS}} = 01$ 时,$Q = 0$、$\overline{Q} = 1$;当 $\overline{\text{RS}} = 10$ 时,$Q = 1$、$\overline{Q} = 0$;当 $\overline{\text{RS}} = 11$ 时,Q、$\overline{Q}$ 保持原状态。

（4）放电开关

放电开关由一个晶体管 T 组成,其基极受基本 RS 触发器输出端 $\overline{Q}$ 控制。当 $\overline{Q} = 1$ 时,晶体管导通,放电端通过导通的晶体管为外电路提供放电的通路;当 $\overline{Q} = 0$ 时晶体管截止,放电通路被截断。

（5）输出缓冲器

输出缓冲器 D3 用于增大对负载的驱动能力,并隔离负载对 555 集成电路的影响。

2. 工作原理

$\overline{R}$ 为置 0 输入端,当 $\overline{R} = 0$ 时,定时器的输出 OUT 为 0;当 $\overline{R} = 1$ 时,555 定时器具有以下功能:

555 的工作原理

（1）当高触发端 $\text{TH} > \dfrac{2}{3} V_{\text{CC}}$,且低触发端 $\overline{\text{TR}} > \dfrac{1}{3} V_{\text{CC}}$ 时,比较器 C_1 输出为低电平;C_1 输出的低电平将 RS 触发器置为 0 状态,即 $Q = 0$,使得定时器的输出 OUT 为 0,同时放电管 T 导通。

（2）当低触发端 $\overline{\text{TR}} < \dfrac{1}{3} V_{\text{CC}}$,且高触发端 $\text{TH} < \dfrac{2}{3} V_{\text{CC}}$,比较器 C_2 输出为低电平;C_2 输出的低电平将 RS 触发器置为 1 状态,即 $Q = 1$,使得定时器的输出 OUT 为 1,同时放电管 T 截止。

（3）当高触发端 $\text{TH} < \dfrac{2}{3} V_{\text{CC}}$,且低触发端 $\overline{\text{TR}} > \dfrac{1}{3} V_{\text{CC}}$ 时,定时器的输出 OUT 和放电管 T 的状态保持不变。

根据以上分析,可以得出 555 定时器的功能表见表 5-1。

表 5-1　555 定时器的功能表

输入			输出	
U_{TH}	$U_{\overline{\text{TR}}}$	$\overline{R}$	OUT	T
$\times$	$\times$	0	0	导通
$> \dfrac{2}{3} V_{\text{CC}}$	$> \dfrac{1}{3} V_{\text{CC}}$	1	0	导通
$< \dfrac{2}{3} V_{\text{CC}}$	$> \dfrac{1}{3} V_{\text{CC}}$	1	不变	不变
$< \dfrac{2}{3} V_{\text{CC}}$	$< \dfrac{1}{3} V_{\text{CC}}$	1	1	截止

专题 2　555 定时器的应用举例

▶ 专题要求

学会用 555 定时器构成施密特触发器、单稳态触发器和多谐振荡器电路。

▶ 专题目标

- 掌握 555 定时器构成的施密特触发器的电路结构、功能及应用；
- 掌握 555 定时器构成的单稳态触发器的电路结构、功能及应用；
- 掌握 555 定时器构成的多谐振荡器的电路结构、功能及应用；
- 了解由 555 定时器组成的应用电路的工作波形，掌握其主要参数的计算方法。

5.2.1　555 定时器构成施密特触发器

基于 555 构成
施密特触发器

1. 工作原理

将 555 定时器的 TH 端和 $\overline{\text{TR}}$ 端连接起来作为信号 u_i 的输入端，便构成了施密特触发器，如图 5-2(a)所示。

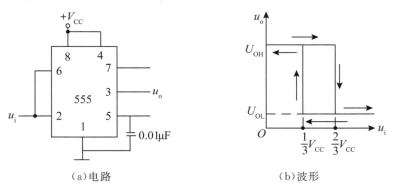

（a）电路　　　　　　　　　　　（b）波形

图 5-2　555 定时器构成的施密特触发器

（1）当 $u_i < V_{CC}/3$ 时，由于比较器 C_1 输出为 1，即 $\overline{R}_D = 1$，C_2 输出为 0，即 $\overline{S}_D = 0$，基本 RS 触发器置 1，即 $Q = 1$，OUT = 1。

（2）当 $V_{CC}/3 < u_i < 2\,V_{CC}/3$ 时，由于比较器 C_1、C_2 输出均为 1，即 $\overline{R}_D = \overline{S}_D = 0$，OUT = 1 保持不变。

（3）当 $u_i > 2\,V_{CC}/3$ 及以后时，比较器 C_1 输出跳变为 0，即 $\overline{R}_D = 0$、C_2 输出为 1，即 $\overline{S}_D = 1$，基本 RS 触发器置 0，即跳变到 $Q = 0$，到达 $V_{CC}/3$ 以前，OUT = 0 的状态不会改变。

（4）当 u_i 从大于 $2V_{CC}/3$ 下降，在 $V_{CC}/3 < u_i < 2V_{CC}/3$ 段内，比较器 C_1、C_2 输出均为 1，即 $\overline{R_D} = \overline{S_D} = 1$，基本 RS 触发器置保持 $Q = 0$ 不变。此后，u_i 继续下降，当 $u_i < V_{CC}/3$ 时，恢复到（1）时的情况，使 $Q = 1$。

由上述可得，图 5-2（a）所示施密特触发器的传输特性如图 5-2（b）所示，由（b）可得回差电压

$$\Delta U_H = \frac{1}{3}V_{CC} \tag{5-9}$$

2. 施密特触发器的典型应用

（1）接口和整形

图 5-3（a）所示的电路中，施密特触发器用作 TTL 系列的接口，将缓慢变化的输入信号转换成为符合 TTL 系统要求的脉冲波形。

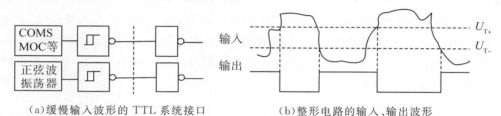

（a）缓慢输入波形的 TTL 系统接口　　　　（b）整形电路的输入、输出波形

图 5-3　施密特触发器应用于接口及整形

图 5-3（b）所示是用作整形电路的施密特触发器的输入、输出电压波形，它把不规则的输入信号整形成为矩形脉冲。

（2）波形变换和幅度鉴别

图 5-4（a）所示是正弦波变矩形波，图 5-4（b）所示是用作幅度鉴别时，施密特触发器的输入、输出电压波形，显然，只有当幅度达到 U_{T+} 的输入电压信号时，才可以被鉴别出来，并形成相应的输出脉冲。

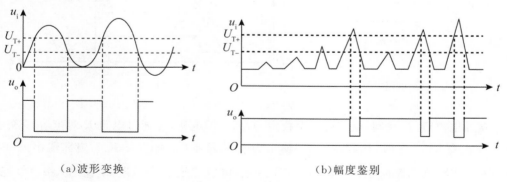

（a）波形变换　　　　　　　　（b）幅度鉴别

图 5-4　施密特触发器应用于波形变换及幅度鉴别

基于 555 构成
单稳态电路

5.2.2 555 定时器构成单稳态触发器

1. 工作原理

相对双稳态触发器和多谐振荡器（无稳态）而言，把只存在一个稳态的电路称为单稳态触发器。

单稳态触发器具有下列特点：

(1)电路有一个稳态和暂稳态。

(2)在外来触发器脉冲作用下，电路由稳态翻转到暂稳态。

(3)暂稳态是一个不能长久保持的状态，经过一段时间后，电路会自动返回到稳态。暂稳态的持续时间与触发脉冲无关，仅取决于电路本身的参数。

单稳态触发器在数字电路中一般用于定时（产生一定宽度的矩形波）、整形（把不规则的波形转换成宽度、幅度都相等的波形）以及延时（把输入信号延时一定时间后输出）等。

图 5-5 所示是用 555 定时器构成的单稳态触发器及其工作波形。R、C 是外接定时元件；u_i 是输入触发信号，下降沿有效。

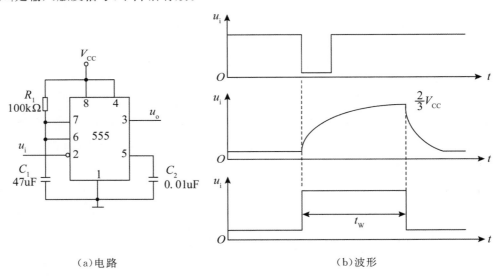

（a）电路 　　　　（b）波形

图 5-5　用 555 定时器构成的单稳态触发器电路及其波形

接通电源V_{CC}后瞬间，电路有一个稳定的过程，即电源V_{CC}通过电阻R对电容C充电，当u_C上升到$2V_{CC}/3$时，比较器C_1的输出为 0，将基本 RS 触发器置 0，电路输出 $u_o=0$。这时基本 RS 触发器的$\overline{Q}=1$，使放电管 T 导通，电容C通过 T 放电，电路进入 $u_o=0$ 稳定状态。

当触发信号u_i到来，且$u_i<V_{CC}/3$时，比较器C_2的输出为 0，将基本 RS 触发器置 1，u_o又由 0 变为 1。电路进入暂稳态。由于此时基本 RS 触发器的$\overline{Q}=0$，放电管 T 截止，V_{CC}经电阻R对电容C充电。虽然此时触发脉冲已消失，比较器C_2的输出变为 1，但充电

仍可继续进行,直到 u_C 上升到 $2V_{CC}/3$ 时,比较器 C_1 的输出为 0,将基本 RS 触发器置 0,电路输出 $u_o=0$,T 导通,电容 C 放电,电路恢复到稳定状态。

忽略放电管 T 的饱和压降,则 u_C 从 0 充电上升到 $2V_{CC}/3$ 所需的时间,即为 u_o 的输出脉冲宽度 t_W,可以证明

$$t_W = RC\ln3 \approx 1.1RC$$

2. 单稳态触发器的应用

(1)延时与定时

脉冲信号的延时与定时电路如图 5-6 所示。仔细观察 u_{o1} 与 u_i 的波形,可以发现 u_{o1} 的下降沿比 u_i 的下降沿滞后了 t_W,也即延迟了 t_W。这个 t_W 反映了单稳态触发器的延时作用。

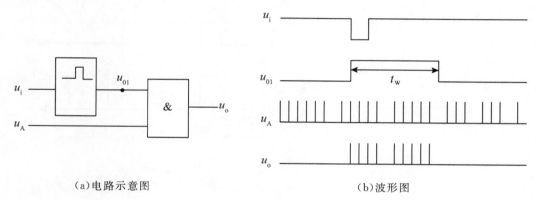

(a)电路示意图　　　　　　　　　　　(b)波形图

图 5-6　脉冲信号的延时与定时控制

单稳态触发器的输出 u_{o1} 送入与门作为定时控制信号,当 $u_{o1}=1$ 时与门打开,$u_o=u_A$;$u_{o1}=0$ 时与门关闭,$u_o=0$。显然,与门打开的时间是恒定不变的,就是单稳态触发器输出脉冲 u_{o1} 的宽度 t_W,反映了单稳态的定时作用。

(2)波形整形

输入脉冲的波形往往是不规则的,沿边不陡,幅度不齐,不能直接输入数字电路。因为单稳态触发器的输出 u_o 幅度仅取决于输出的高、低电平,宽度 t_W 只与定时元件 R、C 有关。所以利用单稳态触发器能够把不规则的输入信号 u_i,整形成为幅度、宽度都相同的矩形脉冲 u_o。图 5-7 所示就是单稳态触发器整形的一个例子。

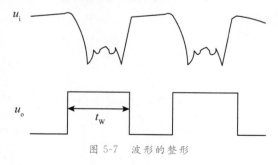

图 5-7　波形的整形

5.2.3　555 定时器构成多谐振荡器

基于 555 构成
多谐振荡电路

多谐振荡器是指在无触发信号的情况下,能自动产出矩形波的自激振荡电路。由于矩形波包含丰富的高次谐波分量,因此称为多谐振荡器。另外,这类电路没有稳态,故又称无稳态电路。

图 5-8(a)和(b)所示是用 555 定时器构成的多谐振荡器电路及其工作波形。R_1、R_2、C 是外接定时元件。

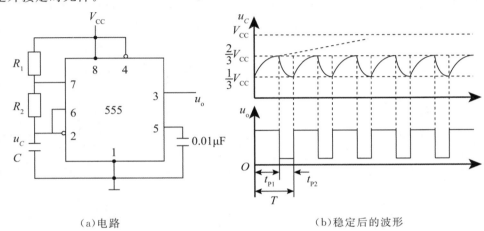

　　　(a)电路　　　　　　　　　　　　　　　　(b)稳定后的波形

图 5-8　555 定时器构成的多谐振荡器

接通电源 V_{CC} 后,电源 V_{CC} 经电阻 R_1 和 R_2 对电容 C 充电,当 u_c 上升到 $2V_{CC}/3$ 时,比较器 C_1 的输出为 0,将基本 RS 触发器置 0,定时器输出 $u_o=0$。这时基本 RS 触发器的 $\overline{Q}$ $=1$,使放电管 T 导通,电容 C 通过电阻 R_2 和 T 放电,u_c 下降。当 u_c 下降到 $V_{CC}/3$ 时,比较器 C_2 的输出为 0,将基本 RS 触发器置 1,u_o 又由 0 变为 1。由于此时基本 RS 触发器的 $\overline{Q}=0$,放电管 T 截止,V_{CC} 又经电阻 R_1 和 R_2 对电容 C 充电。如此重复上述过程,于是在输出端 u_o 产生了连续的矩形脉冲。

第一个暂稳态的脉冲宽度 t_{P1},即 u_c 从 $V_{CC}/3$ 充电上升到 $2V_{CC}/3$ 所需的时间。根据电路分析中的三要素法,即可求出

$$t_{P1}=0.7(R_1+R_2)C$$

第二个暂稳态的脉冲宽度 t_{P2},即 u_c 从 $2V_{CC}/3$ 放电下降到 $V_{CC}/3$ 所需的时间,同理可得

$$t_{P2}=0.7R_2C$$

振荡周期

$$T=t_{P1}+t_{P2}=0.7(R_1+2R_2)C$$

占空比

$$q=\frac{t_{P1}}{T}=\frac{R_1+R_2}{R_1+2R_2}$$

　　由上式可知,无论 R_1 或 R_2 怎样改变,q 总是 $>50\%$。在改变占空比的同时,振荡频率也将改变。若改变 q 的同时,要求振荡频率 f 不变,可采用占空比可调而振荡频率保持不变的矩形波发生器,其电路如图 5-9 所示。

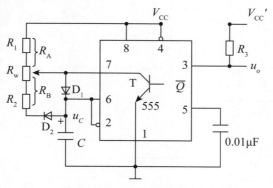

图 5-9　占空比可调而频率不变的多谐振荡器

　　根据二极管 D_1 和 D_2 的单向导电性,其充电回路为:$V_{CC} \rightarrow R_A \rightarrow D_1 \rightarrow C \rightarrow$ 地,充电时间常数 $\tau_C = R_A C$;放电回路为:$u_C \rightarrow D_2 \rightarrow R_5 \rightarrow T \rightarrow$ 地,放电时间常数为 $\tau_d = R_B C$,其工作波形与图 5-4(b)完全相同,故输出高电平的脉宽为

$$t_{P1} = 0.7 R_A C$$

输出低电平的脉宽为

$$t_{P2} = 0.7 R_A C$$

振荡周期

$$T = t_{P1} + t_{P2} = 0.7(R_A + R_B)C$$

占空比

$$q = \frac{t_{P1}}{T} = \frac{R_A}{R_A + R_B}$$

　　由上两式可知,在调节电位器 R_W 的滑臂时,只改变 R_A 和 R_B 阻值,而 $R_A + R_B$ 保持不变,故在改变 q 时可使 T 保持不变。当 $R_A = R_B$ 时,$q = 50\%$,u_o 输出方波。

　　电阻 R_3 的作用,使输出高电平时为 V_{CC},以便于 CMOS 电路输入高电平相匹配,故 R_3 又称上拉电阻。

实践 1　555 定时器仿真实践

5.3.1　555 定时器构成施密特触发器仿真实践

　　利用仿真软件 Multisim 14.0 对施密特触发器进行仿真,分别用虚拟万用表监测输入端电压,用虚拟示波器显示输入与输出电压的波形,如图 5-10 所示。

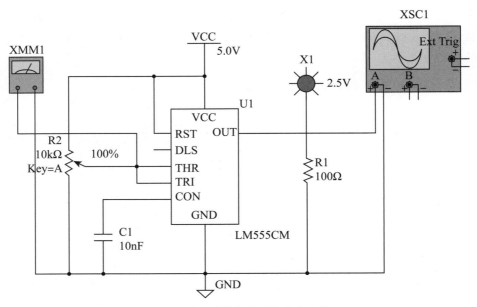

图 5-10　施密特触发器仿真电路图

仿真过程中注意观察输入波形的电压在正向阈值电压和负向阈值电压之间转换时，输出电压的变化，并将波形变化结果记录下来。

5.3.2　555 定时器构成单稳态触发器仿真实践

单稳态电路的
设计与仿真

利用仿真软件 Multisim 14.0 对单稳态触发器进行仿真，分别用虚拟四踪示波器显示输入电压、电容 C 上的电压和输出电压的波形，如图 5-11 所示。

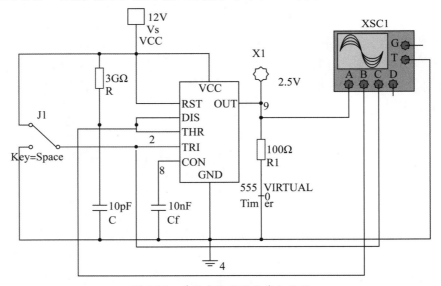

图 5-11　单稳态触发器仿真电路图

仿真过程中注意输入电压的低电平信号时间不能过长,观察输入信号、电容 C 上的信号和输出信号之间的变化,并将波形变化结果记录下来。

5.3.3　555 定时器构成多谐振荡器触发器仿真实践

多谐振荡电路
的设计与仿真

利用仿真软件 Multisim 14.0 对多谐振荡器进行仿真,分别用虚拟示波器显示电容 C 上的电压和输出电压的波形,如图 5-12 所示。

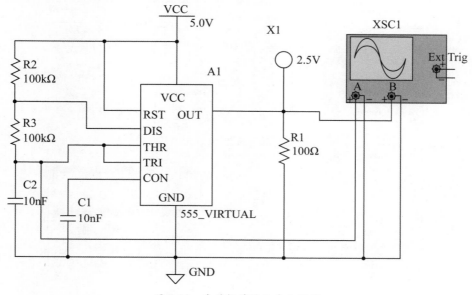

图 5-12　多谐振荡器仿真电路图

仿真过程中注意观察电容 C 充放电过程中输出电压的变化,并将波形变化结果记录下来。

实践 2　变音门铃电路的仿真实践

任务要求

本仿真实践,用虚拟示波器观察变音门铃电路的输出信号。

任务目标

1. 掌握 555 电路的功能测试方法和使用方法;

2. 掌握虚拟示波器的使用方法;

3. 掌握用 Multisim 14.0 对变音门铃电路进行仿真,观察仿真结果,进行分析。

5.4.1 变音门铃电路的仿真

1. 单击电子仿真软件 Multisim 14.0 基本界面元器件工具条上的"Place""Component"按钮,从弹出的对话框"Group"栏中选择"Mixed"、"Family"栏中选择"TIMER",再在栏中选取"LM555CM",如图 5-13 所示。单击对话框右上角的"OK"按钮,调出 555 定时器,放置在电子平台上。

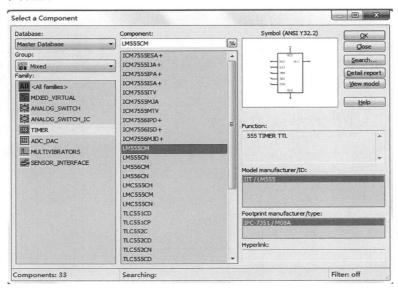

图 5-13 调出 555 定时器

2. 从元器件工具条上调出其他元器件,并调出虚拟示波器,在电子平台上建立变音门铃的仿真电路,如图 5-14 所示。

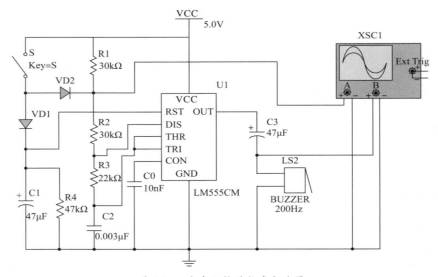

图 5-14 变音门铃的仿真电路图

3.开启仿真开关。按下门铃按钮 S 片刻后,松开按钮。双击虚拟示波器图标,观察屏幕上的波形。

4.观察仿真结果,并分析仿真结果。

实训报告

1.画出仿真电路图。

2.分析变音门铃电路的工作原理。

3.记录虚拟信号发生器的面板设置,画出仿真波形。

分析与讨论

1.总结本次仿真实训中遇到的问题及解决方法。

2.如何改变报警声响的持续时间和音调高低?

实践 3　变音门铃电路的设计与装调

任务要求

用 555 电路和相关元器件,在理解变音门铃电路工作原理的基础上安装并调试变音门铃电路。

任务目标

1.进一步理解 555 电路构成的单稳态触发器电路的工作原理;

2.理解触摸式防盗报警电路主要参数的调整方法与原理;

3.掌握变音门铃电路的装调及故障分析方法。

变音门铃电路工作原理

5.5.1　电路功能介绍

变音门铃电路如图 5-15 所示,它由 NE555 定时器构成的多谐振荡器组成。

按下门铃按钮 S,+5V 的电源经过二极管 D_1 给电容 C_1 充电。当 C_1 充电至电压(集成块 4 脚电压)大于 1V 时,电路振荡,由 NE555 的 3 脚输出端驱动扬声器发出"叮"的声音。按下 S 的时间越长,发出"叮"的声音也越长;同时电源经 D_2、R_2、R_3 给 C_2 充电,改变 R_2、R_3 和 C_2 的数值,可改变"叮"声音的频率。

松开按钮 S 后,C_1 存储的电荷经 R_4 放电,只要 C_1 两端的电压不低于 1V,电路就保持振荡状态,但此时电阻 R_1 也接入了振荡电路,振荡频率变低,使扬声器发出"咚"的声音。当 C_1 放电至两端的电压低于 1V 时,电路停止振荡,声音停止;改变 R_4 和 C_1 的数

173

值,可改变"咚"声音延续时间,即改变门铃余音的长短。欲改变"咚"声音的频率,可改变R_1、R_2、R_3 和 C_2 的数值。

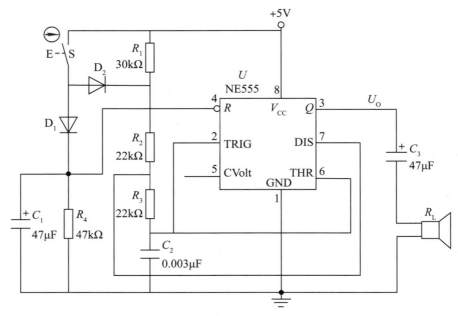

图 5-15　变音门铃电路原理图

5.5.2　电路连接与调试

1.实训设备和器件

NE555 定时器集成块 1 片及芯片底座 1 块、22kΩ 的电阻 2 个,30kΩ 和 47kΩ 电阻各 1 个,47μF/10V 的电解电容 2 个,0.033μF 的瓷片电容 1 个,NE4148 的二极管 2 个,8Ω/0.25W 的扬声器 1 个,门铃按钮 1 个,万能板 1 块。

另外还需要带稳压电源的实验操作台,电烙铁 1 个,焊锡、导线若干。

变音门铃电路
的安装与调试

2.电路的安装步骤

(1)把实验所需的电路图准备好;

(2)选择正确参数的元器件;

(3)对选择的元器件进行检测,判断有无损坏现象;

(4)调整位置,摆放元器件,通常按照先大后小的顺序摆放;

变音门铃电路调
试及故障分析

(5)将摆放好的元器件进行可靠连线,再进行功能测试;

(6)验证电路功能,记录实验数据。

按下 S,看扬声器中是否发出"叮"的声音,若持续按下 S,则扬声器连续发出"叮"的声音;松开按钮后,扬声器中发出"咚"的声音。鸣叫时测量集成块的各脚电压,记录在表 5-2 中;不按开关 S,或者将 D_1 接反,电路不振荡,扬声器不鸣叫,再测量集成块的各脚电压,也记录在表 5-2 中。

表 5-2　NE555 各引脚的电压

测量点	电压值/V							
NE555 的引脚	1	2	3	4	5	6	7	8
鸣叫时								
不鸣叫时								

3. 应注意的问题

(1)集成块的安装要使用芯片底座。

(2)利用万能板安装,有利于清理电路的连接图。

(3)注意元器件安装要准确,提高焊接工艺;元器件排列美观,减少虚焊。

项目小结

　　555 定时器是一种多用途的集成电路,只需外接少量的阻容元件,就可以构成施密特触发器、单稳态触发器和多谐振荡器等。由于 555 定时器使用方便、灵活,有较强的负载能力和较高的触发灵敏度,因此在自动控制、仪器仪表和家用电器等许多领域都有着广泛的应用。

　　施密特触发器和单稳态触发器是两种常用的整形电路,可将输入的周期性脉冲信号形成所要求的同周期的矩形脉冲输出。

　　施密特触发器有两个稳定状态,有两个不同的触发电平,因此具有回差特性。它的两个稳定状态是靠两个不同的电平来维持的;输出脉冲的宽度由输入信号的波形决定。调节回差电压的大小,可改变输出脉冲的宽度。施密特触发器可将任意波形(包括边沿变化非常缓慢的波形)变换成上升沿和下降沿都很陡的矩形脉冲,还常用来进行幅度鉴别、脉冲整形。

　　单稳态触发器有一个稳态和一个暂稳态。在没有外加触发信号输入时,电路处于稳态;在外加触发信号作用下,电路进入暂稳态,经一段时间后,又自动返回到稳态。暂稳态维持的时间为输出脉冲宽度,它由电路的定时元件 R、C 的参数值决定,而与输入触发信号没有关系。单稳态触发器可将输入的触发脉冲变换为宽度和幅度都符合要求的矩形脉冲,还常用于脉冲的定时、整形、展宽等。

　　多谐振荡器没有稳态,只有两个暂稳态。暂稳态间的相互转换完全靠电路本身电容的充电和放电自动完成。因此,多谐振荡器接通电源后就能输出周期性的矩形脉冲。改变定时元件 R、C 的参数值的大小,可调节振荡频率。

习 题

5.1　判断题

(1)施密特触发器可用于将三角波变换成正弦波。　　　　　　　　　　　(　　)

(2)施密特触发器有两个稳态。　　　　　　　　　　　　　　　　　　　(　　)

(3)多谐振荡器的输出信号的周期与阻容元件的参数成正比。　　　　　　(　　)

(4)单稳态触发器无须外加触发脉冲就能产生周期性脉冲信号。　　　　　(　　)

(5)应用 555 构成多谐振荡器等电路时,其复位端需接"1"。　　　　　　(　　)

(6)555 定时器的电源电压为+5V。　　　　　　　　　　　　　　　　　(　　)

(7)555 复位端接低电平时,输出为低电平,输入信号不起作用。　　　　(　　)

(8)多谐振荡器和单稳态电路都是常用的整形电路。　　　　　　　　　　(　　)

(9)欲将三角波变换成矩形波,可用单稳态电路。　　　　　　　　　　　(　　)

(10)多谐振荡器有两个稳定状态。　　　　　　　　　　　　　　　　　　(　　)

(11)回差电压是施密特触发器的主要特性参数。　　　　　　　　　　　(　　)

5.2　选择题

(1)多谐振荡器可产生(　　　)。

A. 正弦波　　　　　　B. 矩形脉冲　　　　　C. 三角波　　　　　D. 锯齿波

(2)以下各电路中,(　　　)可以产生脉冲定时。

A. 多谐振荡器　　　　　　　　　　　　B. 单稳态触发器

C. 施密特触发器　　　　　　　　　　　D. 石英晶体多谐振荡器

(3)能实现脉冲延时的电路是(　　　　)。

A. 多谐振荡器　　　　　B. 单稳态触发器　　　　C. 施密特触发器

(4)施密特触发器有(　　)个稳定状态,多谐振荡器有(　　)个稳定状态,单稳态触发器有(　　)个稳定状态。

A. 0　　　　　　　　　B. 1　　　　　　　　C. 2　　　　　　　　D. 3

(5)能将三角波变换成矩形波,可以应用的电路是(　　　)。

A. RS 触发器　　　　　　　　　　　　B. 555 定时器

C. 施密特触发器　　　　　　　　　　　D. 以上都不对

(6)单稳态电路可以用于(　　　)。

A. 产生矩形波　　　　　　　　　　　B. 把变化缓慢信号变换成矩形波

C. 做存储器　　　　　　　　　　　　D. 变换矩形脉冲的宽度

5.3　试述施密特触发器的工作特点和主要用途。

5.4　试述单稳态触发器的工作特点和主要用途。

5.5　用 555 定时器设计一个自由多谐振荡器,要求振荡周期 $T=1\sim10s$,选择电阻、电容参数,并画出接线图。

5.6　用集成芯片 555 构成的施密特触发器电路及输入波形 u_i 如图 5-16(a)、(b)所示,试画出对应的输出波形 u_o。

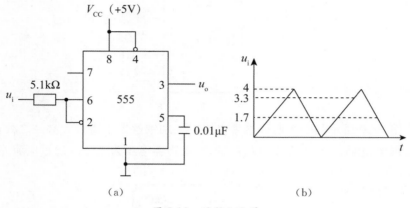

图 5-16　习题 5.6 图

5.7　用集成芯片 555 所构成的单稳态触发器电路及输入波形 u_i 如图 5-17(a)、(b)所示,试画出对应的输出波形 u_o 和电容上的电压波形 u_C,并求暂稳态宽度 t_w。

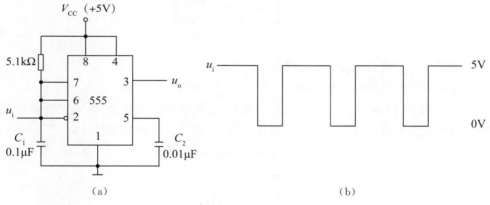

图 5-17　习题 5.7 图

5.8　用集成电路定时器 555 所构成的自激多谐振荡器电路如图 5-18 所示。试画出输出电压 u_o 和电容两端电压 u_C 的工作波形,并求振荡频率。

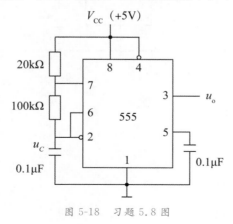

图 5-18　习题 5.8 图

5.9 试用 555 定时器(图 5-19)设计一个单稳态触发器,要求定时宽度 $T_w = 11\text{ms}$,选择电阻、电容参数,并画出接线图。

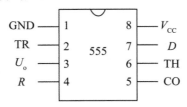

图 5-19 习题 5.9 图

5.10 图 5-20 所示是一个防盗报警电路。一细铜丝置于盗窃者必经之处,当盗窃者闯入室内将铜丝碰断后,扬声器即发出报警声(扬声器电压为 1.2V,通过电流 40mA)。

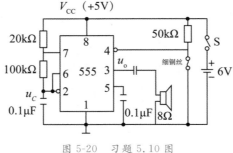

图 5-20 习题 5.10 图

(1)试问 555 定时器接成何种电路?

(2)说明本报警电路的工作原理。

5.11 如图 5-21 所示是一简易触摸开关电路,当手摸金属片时,发光二极管亮,经过一段时间,发光二极管熄灭。试说明其工作原理,并求二极管能亮多长时间。

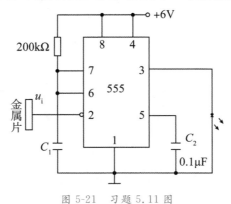

图 5-21 习题 5.11 图

项目6 模数转换及可编程逻辑器件

模/数（A/D）及数/模（D/A）转换是现代自动控制技术的重要组成部分，目前的模/数及数/模转换技术越来越集成化，常以芯片或一个集成芯片的部分功能出现在电子市场中。掌握模/数及数/模转换的原理及常用芯片的应用是电子信息类专业学生必须具备的技能，对电子控制技术的深入学习也非常重要。

项目介绍

本项目前两个专题，把电子测量的知识，A/D 转换的原理，D/A 转换的原理，DAC0832、ADC0832、AD590、集成运放的电路原理及使用有机地结合在一起。首先将AD590 温度传感器的输出电流信号变成电压信号，并对其应用电路进行详细分析，由此对非电量测量有个初步认识。在温度信号变成对应的电信号后，对 A/D、D/A 转换的过程及详细原理进行介绍。在内容上除对电路及原理进行有针对性的解释外，为加强理解，书中还给出了具体的仿真电路及仿真过程。

项目要求

会用 AD590 温度传感器把温度转换成电压输出，会用 ADC0832 把模拟量转换为数字量输出，会用 DAC0832 把数字量转换为模拟量输出。

项目目标

- 了解传感器对非电量测量的方法及相应芯片的应用；
- 熟悉模/数转换原理及数/模转换芯片的使用方法，巩固电子装配工艺，进一步熟悉 CAD 软件的使用技巧；
- 熟练使用集成计数器 7490、74161 设计计数器；
- 掌握模/数及数/模的转换原理及运用现代信息技术手段搜集相关文献的方法。

专题 1   A/D 转换器及其仿真

▷ 专题要求

- 搭建 AD590 的转换电路,使输出电压分别为 1V、2V、4V;
- 把上面电压输入 ADC0832 的 CH0 通道,观察发光二极管的状态并记录;
- 用 Multisim 14.0 软件仿真 A/D 转换过程,并观察其输出状态。

▷ 专题目标

- 通过 AD590 的温度转换电路,掌握温度传感器的使用方法;
- 通过 ADC0832 的应用及仿真电路,掌握 A/D 转换的原理及使用方法。

6.1.1   温度检测电路

AD590 温度传感器是一种已经集成化的温度感测器,它会将温度转换为电流,其规格如下:

- 温度每增加 1℃,输出电流会增加 $1\mu A$。
- 可测量范围为 $-55\sim150℃$。
- 供电电压范围为 $4\sim30V$。

AD590 的引脚图及符号如图 6-1 所示。

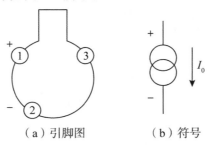

（a）引脚图　　　　　（b）符号

图 6-1　AD590

AD590 的输出电流是以绝对温度零度($-273℃$)为基准,每增加 1℃,输出电流会增加 $1\mu A$,因此在室温($25℃$)时,输出电流 $I_{out}=(273+25)\mu A=298\mu A$。

1. AD590 基本应用原理

基本应用原理电路如图 6-2 所示。

(1)V_o 的值为 I_o 乘上电阻 $10k\Omega$,对室温($25℃$)而言,输出值为 $10k\Omega \times 298\mu A = 2.98V$。

（2）测量 V_o 时，不可分出任何电流，否则测量值会不准确。

2. AD590 实际应用原理

AD590 实际应用电路如图 6-3 所示。

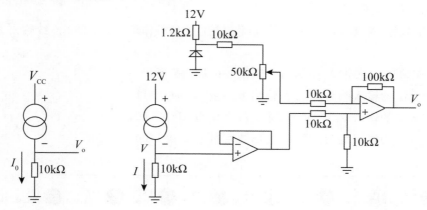

图 6-2　基本应用原理电路　　　　图 6-3　AD590 实际应用电路

电路分析如下：

（1）AD590 的输出电流 $I=(273+T)\mu A$（T 为摄氏温度），因此测量的电压 $V_2=(273+T)\mu A \times 10k\Omega=(2.73+T/100)V$。为了将电压测量出来，又要保证输出电流 I 不分流，所以使用电压跟随器，其输出电压 V_2 等于输入电压 V。

（2）由于一般电源供应较多器件之后，电源是带杂波的，因此使用稳压二极管作为稳压器件，再利用可变电阻分压，使输出电压 V_1 调整至 2.73V。

（3）接下来用差动放大器，其输出 $V_o=(100k\Omega/10k\Omega)\times(V_2-V_1)=T/10$，如果现在温度为摄氏 28℃，输出电压为 2.8V，输出电压接 A/D 转换器，那么 A/D 转换输出的数字量就和摄氏温度呈线性比例关系。

（4）输出电压接在 ADC0832 的 CH0 或 CH1 上就可以用单片机进行转换。因为 ADC0832 的转换需要严格的时序，这里用单片机来实现特定的时序要求。读者现在可不必关心单片机的应用问题，只要能看懂 ADC0832 的操作时序即可，如图 6-4 所示。

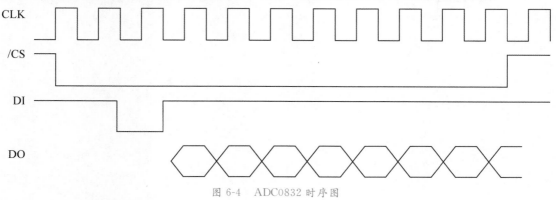

图 6-4　ADC0832 时序图

时序解释如下：

①起始动作：在第 1 个时钟下降沿到来之前，/CS 为 0，DI 为 1。

②通道选择：在第 2、第 3 个时钟下降沿到来之前，DI 输出两个二进制数，表示选择通道、之后 DI 便失去作用。

③输出数据：第 4 个时钟之后的连续 8 个时钟信号作用下，由 DO 连续输出 8 个转换后的数字量。

1V、2V、4V 的 A/D 转换如图 6-5、图 6-6、图 6-7 所示。

ADC0832 的输入端为 1V 时，输出数字量为 00110011；

ADC0832 的输入端为 2V 时，输出数字量为 01100110；

ADC0832 的输入端为 4V 时、输出数字量为 11001100。

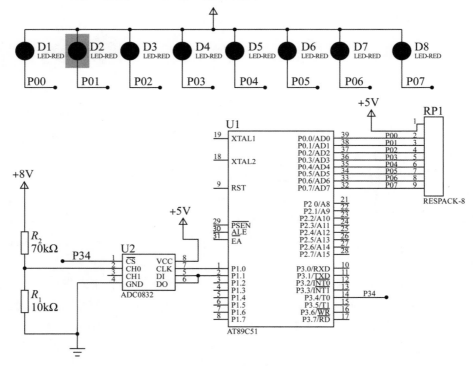

图 6-5 1V 的 A/D 转换

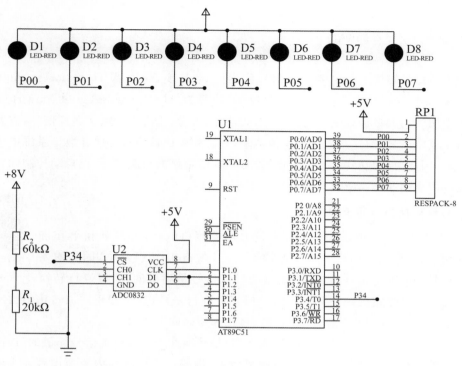

图 6-6　2V 的 A/D 转换

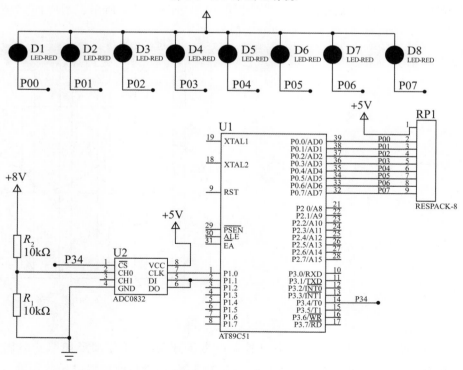

图 6-7　4V 的 A/D 转换

183

6.1.2　A/D 转换器

把模拟信号转换为相应的数字信号称为模/数转换,简称 A/D(analog to digital)转换。实现 A/D 转换的电路称为 A/D 转换器,或写为 ADC(analog-digital converter)。实际应用中用到的大量连续变化的物理量,如温度、流量、压力、图像、文字等信号,需要经过传感器变成电信号,但这些电信号是模拟量,它必须变成数字量才能在数字系统中进行加工、处理。因此,模/数转换是数字电子技术中非常重要的组成部分,在自动控制和自动检测等系统中应用非常广泛。

1. A/D 转换的一般步骤

A/D 转换器是模拟系统和数字系统之间的接口电路,A/D 转换器在进行转换期间,要求输入的模拟电压保持不变,但在 A/D 转换器中,因为输入的模拟信号在时间上是连续的,而输出的数字信号是离散的,所以进行转换时只能在一系列选定的瞬间对输入的模拟信号进行采样,然后把采样值转化为数字量输出。一般来说,转换过程包括采样、保持、量化和编码四个步骤。

A/D 转换器的基本原理

(1)采样和保持。采样(又称抽样或取样)是周期性地获取模拟信号样值的过程,即将时间上连续变化的模拟信号转换为时间离散、幅度等于采样时间内模拟信号大小的模拟信号,即转换为一系列等间隔的脉冲,其采样原理图如图 6-8(a)所示。图中,u_i 为模拟输入信号;u_s 为采样脉冲;u_o 为取样后的输出信号。

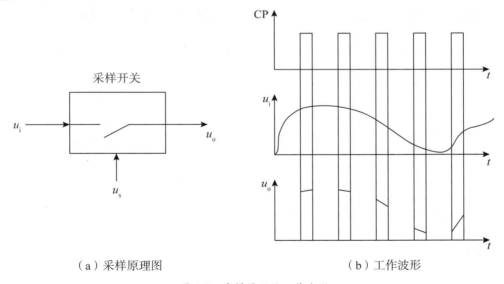

（a）采样原理图　　　　　（b）工作波形

图 6-8　采样原理及工作波形

采样电路实质上是一个受采样脉冲控制的电子开关,其工作波形如图 6-8(b)所示。在采样脉冲 u_s 有效期(高电平期间)内,采样开关 S 闭合接通,使输出电压等于输入电压,即 $u_o = u_i$;在采样脉冲 u_s 无效期(低电平期间)内,采样开关 S 断开,使输出电压等于 0,即

$u_o=0$。因此，每经过一个采样周期，在输出端便得到输入信号的一个采样值。u_s 按照一定频率 f_s 变化时，输入的模拟信号就被采样为一系列的样值脉冲。当然，采样频率越高，在时间一定的情况下采到的样值脉冲越多，因此，输出脉冲的包络线就越接近于输入的模拟信号。

为了不失真地用采样后的输出信号 u_o 表示输入模拟信号 u_i，采样频率 f_s 必须满足：采样频率应不小于输入模拟信号最高频率分量的两倍，即 $f_s \geqslant 2f_{max}$（此式就是广泛使用的采样定理）。其中，f_{max} 为输入模拟信号 u_i 的上限频率（即最高次谐波分量的频率）。

A/D 转换器把采样信号转换成数字信号需要一定的时间，所以在每次采样结束后都需要将这个断续的脉冲信号保持一定的时间，以便进行转换。图 6-9（a）所示是一种常见的采样—保持电路，它由采样开关、保持电容和缓冲放大器组成。

在图 6-9（a）中，利用场效应晶体管做模拟开关。在采样脉冲 CP 到来的时间 τ 内，开关接通，输入模拟信号 $u_i(t)$ 向电容 C_1 充电，当电容 C_1 的充电时间常数为 t_C 时，电容 C_1 上的电压在时间 τ 内跟随 $u_i(t)$ 变化。采样脉冲 CP 结束后，开关断开，因电容的漏电很小且运算放大器的输入阻抗又很高，所以电容 C_1 上的电压可保持到下一个采样脉冲到来为止。运算放大器构成电压跟随器，具有缓冲作用，以减小负载对保持电容的影响。在输入一连串采样脉冲后，输出电压 $u_o(t)$ 的波形如图 6-9（b）所示。

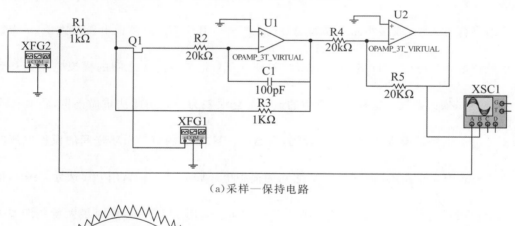

（a）采样—保持电路

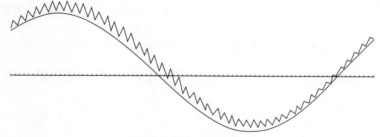

（b）原信号与采样输出信号波形

图 6-9　采样—保持电路及其输入输出波形

（2）量化和编码。输入的模拟信号经采样—保持电路后，得到的是阶梯形模拟信号，它们是连续模拟信号在给定时刻上的瞬时值，但仍然不是数字信号。必须进一步将阶梯形模拟信号的幅度等分成 n 级,并给每级规定一个基准电平值,然后将阶梯电平分别归并到最邻近的基准电平上,这个过程称为量化。量化中采用的基准电平称为量化电平,采样、保持后未量化的电平 u_o 值与量化电平 u_q 值之差称为量化误差 δ,即 $\delta = u_o - u_q$。量化的方法一般有两种:只舍不入法和有舍有入法(或称四舍五入法)。用二进制数码来表示各个量化电平的过程称为编码。此时,把每个样值脉冲都转换成与它的幅度成正比的数字量,才算全部完成了模拟量到数字量的转换。

1)只舍不入法:取最小量化单位 $\Delta = \dfrac{U_m}{2^n}$,其中 U_m 为模拟电压最大值,n 为数字代码位数,将 $0 \sim \Delta$ 之间的模拟电压归并到 $0 \cdot \Delta$,把 $\Delta \sim 2\Delta$ 之间的模拟电压归并到 $1 \cdot \Delta$,…,依此类推。这种方法产生的最大量化误差为 Δ。比如,将 $0 \sim 1V$ 的模拟电压信号转换成 3 位二进制代码,有 $\Delta = \dfrac{1}{2^3}V = \dfrac{1}{8}V$,那么将 $0 \sim \dfrac{1}{8}V$ 之间的模拟电压归并到 $0 \cdot \Delta$,用 000 表示,将 $\dfrac{1}{8} \sim \dfrac{2}{8}V$ 之间的模拟电压归并到 $1 \cdot \Delta$,用 001 表示,……,依此类推,直到将 $\dfrac{7}{8} \sim 1V$ 之间的模拟电压归并到 $7 \cdot \Delta$,用 111 表示,此时最大量化误差为 $\dfrac{1}{8}V$。该方法简单易行,但量化误差比较大,为了减小量化误差,通常采用另一种量化编码方法,即有舍有入法。

2)有舍有入法:取最小量化单位 $\Delta = \dfrac{2U_m}{(2^{n+1} - 1)}$,其中 U_m 为模拟电压最大值,n 为数字代码位数,将 $0 \sim \dfrac{\Delta}{2}$ 之间的模拟电压归并到 $0 \cdot \Delta$,把 $\dfrac{\Delta}{2} \sim \dfrac{3}{2}\Delta$ 之间的模拟电压归并到 $1 \cdot \Delta$,……,依此类推。这种方法产生的最大量化误差为 $\dfrac{\Delta}{2}$。用此法重做上例,将 $0 \sim 1V$ 的模拟电压信号转换成 3 位二进制代码,有 $\Delta = \dfrac{2}{15}V$,那么将 $0 \sim \dfrac{1}{15}V$ 之间的模拟电压归并到 $0 \cdot \Delta$,用 000 表示,将 $\dfrac{1}{15} \sim \dfrac{3}{15}V$ 之间的模拟电压归并到 $1 \cdot \Delta$,用 001 表示,……,依此类推,直到将 $\dfrac{13}{15} \sim 1V$ 之间的模拟电压归并到 $7 \cdot \Delta$,用 111 表示,此时最大量化误差为 $\dfrac{1}{15}V$。比上述只舍不入法的最大量化误差 $\dfrac{1}{8}V$ 明显减小了(减小了近一半)。因而在实际工作中,并不是量化级分得越多越好,而是根据实际要求,合理地选择 A/D 转换器的位数。图 6-10 表示了两种量化编码方法的比较。

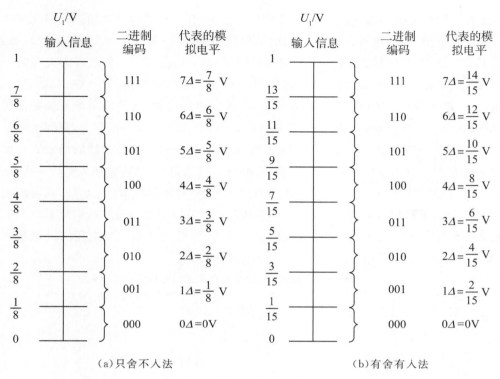

图 6-10　两种量化编码方法的比较

2. A/D 转换器的分类

目前 A/D 转换器的种类虽然很多,但从转换过程来看,可以归结为两大类:①直接 A/D 转换器。②间接 A/D 转换器。在直接 A/D 转换器中,输入模拟信号不需要中间变量就直接被转换成相应的数字信号输出,如计数型 A/D 转换器、逐次逼近型 A/D 转换器和并联比较型 A/D 转换器等,其特点是工作速度高,转换精度容易保证,调准也比较方便。而在间接 A/D 转换器中,输入模拟信号先被转换成某种中间变量(如时间、频率等),然后再将中间变量转换为最后的数字信号输出,如单次积分型 A/D 转换器、双积分型 A/D 转换器等,其特点是工作速度较低,但转换精度可以做得较高,且抗干扰性能强,一般在测试仪表中用得较多。将 A/D 转换器分类归纳,如图 6-11 所示。

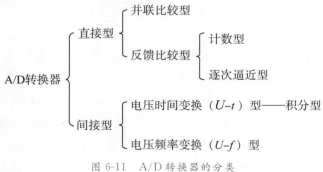

图 6-11　A/D 转换器的分类

下面将以最常用的逐次逼近型 A/D 转换器为例,介绍 A/D 转换器的基本工作原理。

逐次逼近型 A/D 转换器又称为逐次 A/D 转换器,是一种反馈比较型 A/D 转换器。逐次逼近型 A/D 转换器进行转换的过程类似于用天平称物体质量的过程。天平的一端放着被称的物体,另一端加砝码,各砝码的质量按二进制关系设置,一个比一个质量减半。称质量时,把砝码从大到小依次放在天平上,与被称物体比较,若砝码质量不如物体质量大,则该砝码予以保留,反之去掉该砝码,多次试探,经天平比较加以取舍,直到天平基本平衡,称出物体的质量为止。这样就以砝码的质量之和表示了被称物体的质量。例如设物体质量为 11g,砝码质量分别为 1g、2g、4g 和 8g。称质量时,物体放在天平的一端,在另一端先将 8g 的砝码放上,它的质量比物体质量小,该砝码予以保留(记为 1),规定被保留的砝码记为 1,不被保留的砝码记为 0。然后再将 4g 的砝码放上,现在砝码质量总和比物体质量大了,该砝码不予保留(记为 0),依次类推,得到的物体质量可以用二进制数表示为 1011。表 6-1 给出了用逐次逼近法称物体质量的过程。

表 6-1　用逐次逼近法称物体质量的过程

顺序	砝码质量/g	比较	砝码取舍
1	8	8g<11g	取(1)
2	4	12g>11g	舍(0)
3	2	10g<11g	取(1)
4	1	11g=11g	取(1)

利用上述天平称物体质量的原理可构成逐次逼近型 A/D 转换器。

逐次逼近型 A/D 转换器的结构框图如图 6-12 所示,它包含四个部分:电压比较器、D/A 转换器、寄存器、顺序脉冲发生器及相应的控制电路。

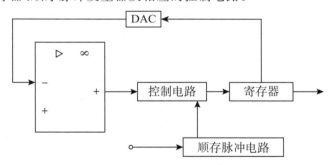

图 6-12　逐次逼近型 A/D 转换器的结构框图

逐次逼近型 A/D 转换器是将大小不同的参考电压与输入模拟电压逐步进行比较,比较结果以相应的二进制代码表示。转换开始前先将寄存器清零,即送给 D/A 转换器的数字量为 0,三个输出门被封锁,没有输出。转换控制信号有效(为高电平)后开始转换,在时钟脉冲作用下,顺序脉冲发生器发出一系列节拍脉冲,寄存器受顺序脉冲发生器及控制电路的控制,逐位改变其中的代码。首先控制电路将寄存器的最高位置 1,使其输出为 100——00。这个代码被 D/A 转换器转换成相应的模拟电压 U_o,送到电压比较器与待转

换的输入模拟电压 U_i 进行比较。若 $U_o > U_i$，则说明寄存器输出代码过大，故将最高位的 1 变成 0，同时将次高位置 1；若 $U_o \leqslant U_i$，则说明寄存器输出代码还不够大，则应将这一位的 1 保留。代码的取舍是通过电压比较器的输出经控制电路来完成的。按上述方法依次类推，将下一位置 1 进行比较，确定该位的 1 是否保留，直到最低位为止。此时寄存器里保留下来的代码即为所求的输出数字量。

3. A/D 转换器的参数

（1）分辨率。A/D 转换器的分辨率指 A/D 转换器对输入模拟信号的分辨能力，即 A/D 转换器输出数字量的最低位变化一个代码时，对应的输入模拟量的变化量。常以输出二进制代码的位数 n 来表示，即

A/D 转换器的主要技术参数

$$分辨率 = \frac{u_1}{2^n}$$

式中，u_1 是输入的满量程模拟电压；n 为 A/D 转换器的位数。显然 A/D 转换器的位数越多，可以分辨的最小模拟电压的值就越小，也就是说 A/D 转换器的分辨率就越高。

例如，当 $n = 8$、$u_1 = 5\text{V}$ 时，A/D 转换器的分辨率为

$$分辨率 = \frac{5\text{V}}{2^8} = 19.53\text{mV}$$

而当 $n = 10$、$u_1 = 5\text{V}$ 时，A/D 转换器的分辨率为

$$分辨率 = \frac{5\text{V}}{2^{10}} = 4.88\text{mV}$$

由此可知，同样输入情况下，10 位 A/D 转换器的分辨率明显高于 8 位 A/D 转换器的分辨率。

并行比较 A/D 转换器

实际工作中经常用 A/D 转换器的位数来表示 A/D 转换器的分辨率。但要记住，A/D 转换器的分辨率是一个设计参数，不是测试参数。

（2）转换速度。转换速度是指完成一次 A/D 转换所需的时间。转换时间是从模拟信号输入开始，到输出端得到稳定的数字信号所经历的时间。转换时间越短，说明转换速度越高。并联型 A/D 转换器的转换速度最高，转换时间约为数十纳秒；逐次逼近型 A/D 转换器的转换速度次之，转换时间约为数十微秒；双积分型 A/D 转换器的转换速度最低，转换时间约为数十毫秒。

（3）相对精度。在理想情况下，所有的转换点应在一条直线上。相对精度是指 A/D 转换器实际输出数字量与理论输出数字量之间的最大差值。一般用最低有效位（LSB）的倍数来表示。如果相对精度不大于 LSB 的一半，就说明实际输出数字量与理论输出数字量的最大差值不超过 LSB 的一半。

6.1.3　A/D 转换器仿真实践

Multisim 14.0 软件中 A/D 转换器的引脚说明如下：

VIN:模拟电压输入端;

VREF+、VREF-:基准电压输入端;

SOC:数据转换启动端,高电平有效;

EOC:转换结束控制端,输出正脉冲;

D0～D7:二进制数码输出端。

按照 Multisim 14 的使用方法,设计出 A/D 转换电路原理图,改变滑动电阻的参数使输入电压为 3.999V,输出二进制数为 11001100,即十进制数 204,如图 6-13 所示。

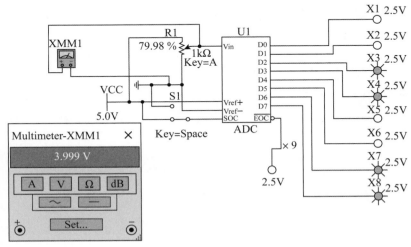

图 6-13　仿真实践 1

验证:根据 A/D 转换原理,理论上 3.999×256/5＝204.7488,与仿真输出非常接近。或者根据量化编码方法,A/D 转换器是把 5V 的电压 256 等分,从 00000000 到 11111111,看输入的模拟电压在哪个二进制的数值上。

再如图 6-14 所示:把输入电压调整为 2.499V,A/D 转换器的输出是 01111111,即十进制数 127,验证:2.4999×256/5＝127.99488,非常接近。

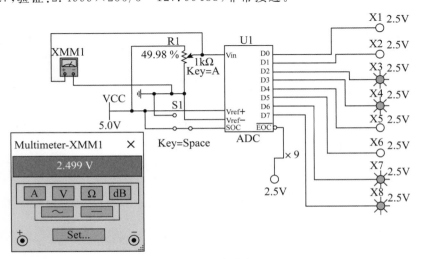

图 6-14　仿真实践 2

读者可以在仿真软件上把其他的数值验证一下,以加深对 A/D 转换器的理解。

6.1.4　集成 A/D 转换器

集成 A/D 转换
器及其应用

ADC0832 是一种 8 位分辨率、双通道 A/D 转换芯片。由于它体积小、兼容性好、性价比高而深受单片机爱好者及企业欢迎,它目前已经有很高的普及率。

ADC0832 具有以下特点:

(1)8 位分辨率;

(2)双通道 A/D 转换;

(3)输入输出电平与 TTL/CMOS 兼容;

(4)5V 电源供电时,输入电压在 0~5V 之间;

(5)工作频率为 250kHz,转换时间为 32μs;

(6)一般功耗仅为 15mW;

(7)8P-DIP(双列直插)、PICC 多种封装;

(8)商用级芯片温宽为 0~70℃,工业级芯片温宽为 -40~85℃。

ADC0832 芯片接口说明如图 6-15 所示。

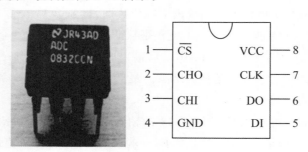

图 6-15　ADC0832 芯片接口说明

$\overline{\text{CS}}$:片选使能,低电平芯片使能。

CH0:模拟输入通道 0,或作为 IN+/- 使用。

CH1:模拟输入通道 1,或作为 IN+/- 使用。

GND:芯片参考 0 电位(地)。

DI:数据信号输入,选择通道控制。

DO:数据信号输出,转换数据输出。

CLK:芯片时钟输入。

VCC(V_{REF}):电源输入及参考电压输入(复用)。

ADC0832 为 8 位分辨率 A/D 转换芯片,可以满足一般的模拟量转换要求,其内部电源输入与参考电压输入的复用,使得芯片的输入模拟电压在 0~5V 之间。芯片转换时间仅为 32μs,具有双数据输出,可作为数据校验,以减小数据误差,转换速度高且稳定性能强。独立的芯片使能输入,使多器件挂接和处理器控制变得更加方便。通过 DI 数据信号输入端,可以轻易地实现通道功能的选择。

ADC0832 的控制原理:

正常情况下,ADC0832 与单片机的接口应为 4 条数据线,分别是 CS、CLK、DO、DI。但由于 DO 端与 DI 端在通信时并未同时有效且与单片机的接口是双向的,所以电路设计时可以将 DO 端和 DI 端并联在一根数据线上使用。当 ADC0832 未工作时,其 CS 使能端应为高电平,此时芯片禁用,CLK 端和 DO/DI 端的电平可任意。当要进行 A/D 转换时,须先将 CS 使能端置于低电平并且保持低电平,直到转换完全结束。此时芯片开始转换工作,同时由处理器向芯片时钟输入端 CLK 输入时钟脉冲,DO/DI 端则使用 DI 端输入通道功能选择的数据信号。在第 1 个时钟脉冲的下降沿之前,DI 端必须是高电平,表示起始信号。在第 2、3 个脉冲下降沿之前,DI 端应输入两位数据用于选择通道功能。

如上所述,当第 2、3 个脉冲下降沿之前 DI 端应输入两位数据为"10"时,只对 CH0 进行单通道转换;当此两位数据为"11"时,只对 CH1 进行单通道转换;当此两位数据为"00"时,将 CH0 作为正输入端 IN+,CH1 作为负输入端 IN-进行输入;当此两位数据为"01"时,将 CH0 作为负输入端 IN-,CH1 作为正输入端 IN+进行输入。到第 3 个脉冲下降沿到来之后,DI 端的输入电平就失去输入作用,此后 DO/DI 端开始利用数据输出 DO 端进行转换数据的读取。从第 4 个脉冲下降沿开始,由 DO 端输出转换数据最高位 DATA7,随后每个脉冲下降沿 DO 端输出下一位数据,直到第 11 个脉冲时输出最低位数据 DATA0,一个字节的数据输出完成。也正是从此位开始输出下一个相反字节的数据,即从第 11 个脉冲的下降沿输出 DATA0,随后输出 8 位数据,到第 19 个脉冲下降沿时数据输出完成,也标志着一次 A/D 转换的结束。最后将 CS 置高电平,禁用芯片,直接将转换后的数据进行处理就可以了。

作为单通道模拟信号输入时,ADC0832 的输入电压是 0~5V,且 8 位分辨率时的电压精度为 19.53mV。如果作为由 IN+与 IN-输入时,可以将电压值设定在某一个较大范围之内,从而提高转换的宽度。但值得注意的是:在进行 IN+与 IN-的输入时,如果 IN-的电压大于 IN+的电压,那么转换后的数据结果始终为 00H。

想一想

1. 模/数转换器在哪些场合使用?

2. 如何提高 A/D 转换芯片的精度?

3. A/D 转换的位数是越多越好吗?

4. ADC0832 串行口的输入数据是从高位开始还是从低位开始?

专题 2　D/A 转换器及其仿真

▷ 专题要求

· 按照电路图搭出硬件电路；

· 根据 8 个输入开关的不同状态组合，用电压表测量 D/A 转换器的输出电压值并记录；

· 根据 Multisim 14.0 软件对 DAC 芯片的仿真，观察输入值与输出值并记录。

▷ 专题目标

· 通过硬件电路的搭建，锻炼学生的读图识图能力；

· 通过对集成电路芯片 DAC0832 的使用，锻炼学生对集成芯片的使用能力；

· 通过对硬件电路和软件仿真的测试及输入输出关系的分析，使学生掌握 D/A 转换的原理。

6.2.1　D/A 转换器

1. 数/模转换器的基本概念

把数字信号转换为相应的模拟信号称为数/模转换，简称 D/A(digital to analog)转换。实现 D/A 转换的电路称为 D/A 转换器，或写为 DAC(digital-analog converter)。

随着计算机技术的迅猛发展，人类从事的许多工作，从工业生产的过程控制、生物工程到企业管理、办公自动化、家用电器等各行各业，几乎都要借助于数字计算机来完成。但是，计算机是一种数字系统，它只能接收、处理和输出数字信号，而数字系统输出的数字量必须还原成相应的模拟量，才能实现对模拟系统的控制。数模转换是数字电子技术中非常重要的组成部分。

D/A 转换器的种类很多，包括有权电阻网络 D/A 转换器、倒 T 形电阻网络 D/A 转换器、权电流型 D/A 转换器及权电容网络 D/A 转换器等。这里主要介绍常用的权电阻网络 D/A 转换器。

权电阻网络 D/A 转换器的基本原理图如图 6-16 所示。

DAC 的工作
原理

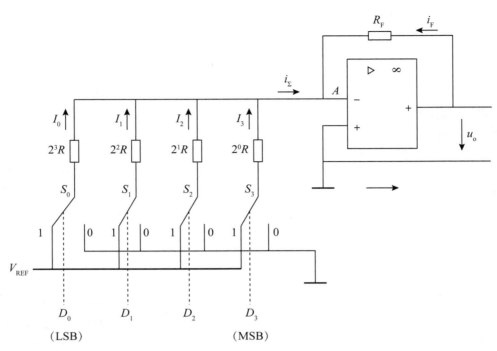

图 6-16　权电阻网络 D/A 转换器

这是一个 4 位权电阻网络 D/A 转换器,它由权电阻网络电子模拟开关和放大器组成。该电阻网络的电阻值是按 4 位二进制数的位权大小来取值的,低位最高(2^0R),从低位到高位依次减半。S_0、S_1、S_2、S_3 为四个电子模拟开关,其状态分别受输入代码 D_0、D_1、D_2、D_3 四个数字信号控制。输入代码 D_i 为 1 时,开关 S_i 连到 1 端,连接到参考电压 V_{REF} 上,此时有一支路电流 I_i 流向放大器的节点 A;D_i 为 0 时,开关 S_i 连到 0 端,直接接地,节点 A 处无电流流入。运算放大器为反馈求和放大器,此处我们将它近似看作是理想运算放大器。因此可得到流入节点 A 的总电流为

$$i_{\Sigma} = (I_0 + I_1 + I_2 + I_3) = \sum I_i$$

$$= \left(\frac{1}{2^3R}D_0 + \frac{1}{2^2R}D_1 + \frac{1}{2^1R}D_2 + \frac{1}{2^0R}D_3 \right) V_{REF}$$

$$= \frac{V_{REF}}{2^3R}(2^3D_3 + 2^2D_2 + 2^1D_1 + 2^0D_0) \tag{1}$$

可得结论 i_{Σ} 与输入的二进制数成正比,所以该网络可以实现从数字量到模拟量的转换。

另一方面,对通过运算放大器的输出电压,有同样的结论:

运算放大器的输出电压为

$$u_o = -i_{\Sigma} R_F \tag{2}$$

将式(1)代入式(2),取 $R_F = R/2$ 得

$$u_o = -\frac{V_{REF}}{2^3R} \cdot \frac{1}{2}R \cdot (2^3D_3 + 2^2D_2 + 2^1D_1 + 2^0D_0)$$

$$= -\frac{V_{REF}}{2^4} \cdot (2^3 D_3 + 2^2 D_2 + 2^1 D_1 + 2^0 D_0) \tag{3}$$

将上述结论推广到 n 位权电阻网络 D/A 转换器,输出电压的公式可写为

$$u_o = -\frac{V_{REF}}{2^n} \cdot (2^{n-1} D_{n-1} + 2^{n-2} D_{n-2} + \cdots + 2^1 D_1 + 2^0 D_0)$$

权电阻网络 D/A 转换器的优点是电路简单,电阻使用量少,转换原理容易掌握;缺点是所用电阻依次相差一半,需要转换的位数越多,电阻差别就越大,在集成制造工艺上就越难以实现。为了克服这个缺点,通常采用 T 形或倒 T 形电阻网络 D/A 转换器。

2. D/A 转换器的主要技术指标

(1)分辨率。分辨率是说明 D/A 转换器输出最小电压的能力。它是指 D/A 转换器模拟输出所产生的最小输出电压 U_{LSB}(对应的输入数字量仅最低位为 1)与最大输出电压 U_{FSR}(对应的输入数字量各有效位全为 1)之比,即

DAC 的主要
参数

$$分辨率 = \frac{U_{LSB}}{U_{FSR}} = \frac{1}{2^n - 1}$$

式中,n 表示输入数字量的位数。可见,分辨率与 D/A 转换器的位数有关,位数 n 越大,能够分辨的最小输出电压变化量就越小,即分辨最小输出电压的能力也就越强。

例如,当 $n=8$ 时,D/A 转换器的分辨率为

$$分辨率 = \frac{1}{2^8 - 1} = 0.0039$$

而当 $n=10$ 时,D/A 转换器的分辨率为

$$分辨率 = \frac{1}{2^{10} - 1} = 0.000978$$

倒 T 形 D/A
转换器

很显然,10 位 D/A 转换器的分辨率比 8 位 D/A 转换器的分辨率高得多。但在实践中应该记住,和 A/D 转换器一样,DA 转换器的分辨率也是一个设计参数,不是测试参数。

(2)转换精度。转换精度是指 D/A 转换器实际输出的模拟电压值与理论输出模拟电压值之间的最大误差。显然,这个差值越小,电路的转换精度越高。但转换精度是个综合指标,包括零点误差、增益误差等,不仅与 D/A 转换器中元器件参数的精度有关,而且还与环境温度、求和运算放大器的温度漂移以及转换器的位数有关。因而要获得较高精度的 D/A 转换结果,一定要选用合适的 D/A 转换器的位数,同时还要选用低漂移、高精度的求和运算放大器。一般情况下要求 D/A 转换器的误差小于 $U_{LSB}/2$。

(3)转换时间。转换时间是指 D/A 转换器从输入数字信号开始到输出模拟电压或电流达到稳定值时所用的时间,即 D/A 转换器的输入变化为满度值(输入由全 0 变为全 1 或由全 1 变为全 0)时,其输出达到稳定值所需的转换时间,也称建立时间。转换的时间越少,工作速度就越高。

6.2.2　D/A 转换器仿真实践

参考 Multisim 14.0 的软件使用方法，设计出电路原理图，如图 6-17、图 6-18 所示。D/A转换器的引脚如下：0～7 为数字量的输入端，8 位二进制输入；"＋""－"为参考电压输入端。在输入端接 8 个单刀双掷开关，用开关的状态来模拟一进制输入的数值，输出端接一个电压表来测量 D/A 转换器的输出数据。

如图 6-17 所示，输入二进制数据为 11111110（即十进制 254），输出模拟电压为 9.922V。

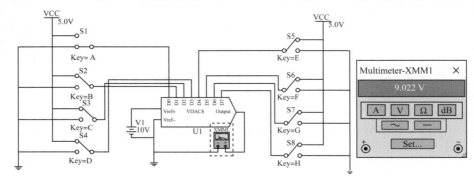

图 6-17　D/A 仿真实践 1

验证：输出电压＝$10\text{V} \cdot \dfrac{254}{256}＝9.921857\text{V}$，非常接近。

如图 6-18 所示，输入二进制数据为 01110110（即十进制数 118），输出模拟电压为 4.609V。

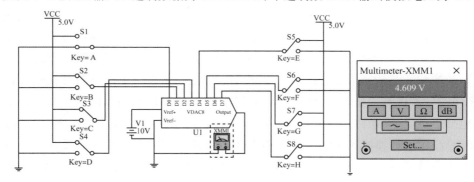

图 6-18　D/A 仿真实践 2

验证：输出电压＝$10\text{V} \cdot \dfrac{118}{256}＝4.609375\text{V}$，非常接近。

6.2.3　集成 D/A 转换器

集成 D/A 转换
器及其应用

DAC0832 是 8 位分辨率的 D/A 转换集成芯片，其引脚图如图 6-19 所示，与微处理器完全兼容。这个 D/A 芯片以其价格低廉、接口简单、转换控制容易等优点，在单片机应用系统中得到了广泛的应用。D/A 转换器由 8 位输入锁存器、8 位 DAC 寄存器、8 位 D/A 转换电路及转换控制电路构成。

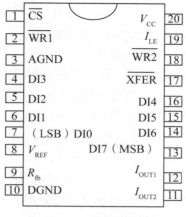

图 6-19　DAC0832 引脚图

1. DAC0832 的主要特性参数

- 分辨率为 8 位；
- 电流稳定时间为 $1\mu s$；
- 可单缓冲、双缓冲或直接数字输入；
- 只需在满量程下调整其线性度；
- 单一电源供电($5\sim15V$)；
- 低功耗，200mW。

2. DAC0832 的引脚功能

- DI0～DI7：8 位数据输入端，TTL 电平，有效时间应大于 90ns(否则锁存器的数据会出错)。

- I_{LE}：数据锁存允许控制信号输入端，高电平有效。

- $\overline{CS}$：片选信号输入端(选通数据锁存器)，低电平有效。

- $\overline{WR1}$：数据锁存器写选通输入端，负脉冲(脉宽应大于 500ns)有效。由 I_{LE}、$\overline{CS}$、$\overline{WR1}$ 的逻辑组合产生 I_{LE}，当 I_{LE} 为高电平时，数据锁存器的状态随数据输入端变化，I_{LE} 负跳变时将输入数据锁存。

- $\overline{XFER}$：数据传输控制信号输入端，低电平有效，负脉冲(脉宽应大于 500ns)有效。

- $\overline{WR2}$：DAC 寄存器选通输入端，负脉冲(脉宽应大于 500ns)有效。

- I_{OUT1}：电流输出端 1，其值随 DAC 寄存器的内容线性变化。

- I_{OUT2}：电流输出端 2，其值与 I_{OUT1} 值之和为一常数。

- R_{fb}：反馈信号输入端，改变 R_{fb} 外接电阻值可调整转换满量程精度。

- V_{CC}：电源输入端，V_{CC} 的范围为 $5\sim15V$。

- V_{REF}：基准电压输入端，V_{REF} 的范围为 $-10\sim10V$。

- AGND:模拟信号地。
- DGND:数字信号地。

3. DAC0832 的工作方式

根据对 DAC0832 的数据锁存器和 DAC 寄存器的不同控制方式,DAC0832 有三种工作方式:直通方式、单缓冲方式和双缓冲方式。

(1)双缓冲方式。DAC0832 包含输入寄存器和 DAC 寄存器两个数字寄存器,因此称为双缓冲,即数据在进入倒 T 形电阻网络之前,必须经过两个独立控制的寄存器。这对使用者是非常有利的,首先,在一个系统中,任何一个 DAC 都可以同时保留两组数据;其次,双缓冲允许在系统中使用任何数目的 DAC。

(2)单缓冲与直通方式。在不需要双缓冲的场合,为了提高数据通过率,可采用单缓冲与直通方式。例如,当 $\overline{CS}=\overline{WR2}=\overline{XFER}=0$、$I_{LE}=1$ 时,DAC 寄存器就处于"透明"状态,即直通工作方式。当 $\overline{WR1}=1$ 时,数据锁存,模拟输出不变;当 $\overline{WR1}=0$ 时,模拟输出更新。这被称为单缓冲方式。当 $\overline{CS}=\overline{WR2}=\overline{XFER}=\overline{WR1}=0$、$I_{LE}=1$ 时,两个寄存器都处于直通状态,模拟输出能够快速反映输入数码的变化。

6.2.4 D/A 转换器的应用

一个 8 位 D/A 转换器有 8 个输入端(其中每个输入端是 8 位二进制数的一位),有一个模拟输出端。输入可有 256 个不同的二进制组态,输出为 256 个电压之一,即输出电压不是整个电压范围内的任意值,而只能是 256 个可能值。

DAC0832 输出的是电流,一般要求输出的是电压,所以还必须经过一个外接的运算放大器转换成电压。实际电路如图 6-20 所示。根据电路原理图搭出实际电路,在输入端接入 8 个模拟开关,模拟不同的二进制数值,用电压表测量输出电压的值。

由图 6-20、图 6-21、图 6-22、图 6-23 可知,当 8 个模拟开关状态分别为 11111111、10000000、01000000、00000000 时,输出的模拟电压分别为 −4.97V、−2.49V、−1.25V、0V。

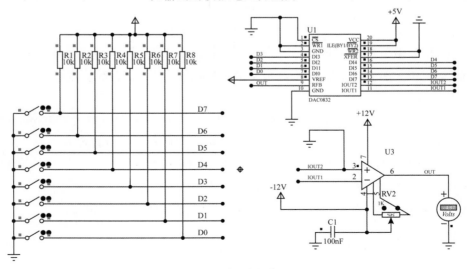

图 6-20 D/A 转换情况 1

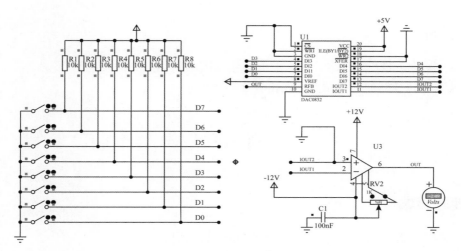

图 6-21 D/A 转换情况 2

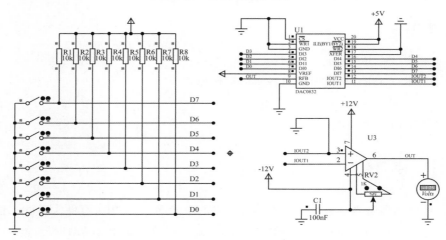

图 6-22 D/A 转换情况 3

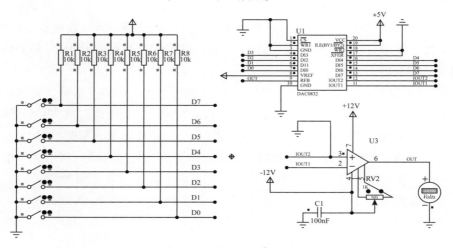

图 6-23 D/A 转换情况 4

想一想

1.D/A 转换芯片为什么一定要加上参考电压?
2.数/模转换器的转换精度主要由什么决定?

专题 3　可编程逻辑器件

▷ 专题要求

- 熟悉存储器的分类方法,并了解它们的组成结构;
- 熟悉可编程逻辑器件的分类方法,并了解它们的组成结构。

▷ 专题目标

- 了解 ROM、RAM 的一般结构;
- 了解 ROM、RAM 的分类及各自的工作原理;
- 了解 PAL、GAL 的结构和使用;
- 了解 CPLD 和 FPGA 的结构。

6.3.1　存储器

半导体存储器是当今数字系统中不可缺少的组成部分,它用来存储大量的二值信息。一般将半导体存储器分为只读存储器(ROM)和随机存取存储器(RAM)两大类。

1.只读存储器

只读存储器(ROM)属于数据非易失性器件,在外加电源消失后,数据不会丢失,能长期保存。按照数据写入方式的不同,其可分为掩模式 ROM、可编程 ROM(PROM)和可擦除可编程 ROM(EPROM)。

ROM 的电路结构主要有地址译码器、存储矩阵和输出缓冲器三部分。存储矩阵由许多结构相同的存储单元组成,存储单元可用二极管构成,也可用 BJT 或 MOS 管构成,每个或每组存储单元有唯一的地址三态控制与之对应。ROM 的结构框图如图 6-24 所示。

地址译码器的作用是将输入的地址代码转换成相应的控制信号,利用这一控制信号从存储矩阵中找出指定的单元,并将该单元中存储的数据送入输出缓冲器。输出缓冲器提高了存储器的带负载能力,将输出电平调整为标准的逻辑电平值,实现对输出状态的三态控制,以便于 ROM 与数字系统的数据总线连接。

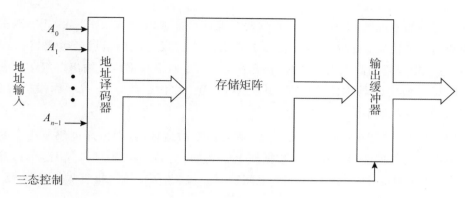

图 6-24　ROM 的结构框图

（1）掩模式只读存储器（固定 ROM）。用户按照使用要求确定存储器的存储内容，存储器制造商根据用户的要求设计掩模板，利用掩模板生产出相应的 ROM。它在使用时内容不能更改，只能读出其中的数据。

由二极管存储矩阵构成的 ROM 电路结构图如图 6-25 所示，它是两位地址输入、四位数据输出的掩模式 ROM，其地址译码器由四个二极管与门构成，两位地址代码 $A_1 A_0$ 能

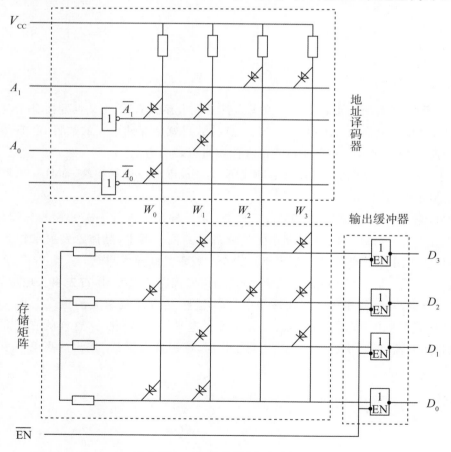

图 6-25　二极管 ROM 电路结构图

给出四个不同的地址码,地址译码器将这四个地址码分别译成 W_1、W_2、W_3、W_4 四根线中某一线的高电平信号。而存储矩阵实际上是由四个二极管或门组成的编码器,当 $W_0 \sim W_3$ 中任意一根线给出高电平信号时,都会在 $D_0 \sim D_3$ 四根数据线上输出一组 4 位二进制代码。将每组输出代码称作一个字,并把 $W_0 \sim W_3$ 称作字线,$D_0 \sim D_3$ 称作位线(数据线),则 A_1A_0 即为地址线。

读取数据时,先使 $\overline{EN}=0$,再从 A_1A_0 输入指定的地址码,则由地址码所指定的各存储单元中存放的数据便出现在输出数据线上。例如,当 $A_1A_0=10$ 时,仅 $W_2=1$,其他字线均为 0。由于只有 D_2 一根线与 W_2 之间接有二极管,所以该二极管导通后使 $D_2{'}$ 为高电平,而 $D_0{'}$、$D_1{'}$ 和 $D_3{'}$ 均为低电平。这时因 $\overline{EN}=0$,故四个输出三态缓冲器打开,即在数据输出端得到 $D_3D_2D_1D_0=0100$。现将四个地址所指定的存储单元中存放的数据列于表 6-2 中。

表 6-2　图 6-25 中 ROM 的数据表

地址		数据			
A_1	A_0	D_3	D_2	D_1	D_0
0	0	0	1	0	1
0	1	1	0	1	1
1	0	0	1	0	0
1	1	1	1	1	0

不难看出,字线和位线的每一个交叉点都是一个存储单元,交叉点处接有二极管相当于存入 1,没接二极管相当于存入 0。交叉点的数目就是存储单元的数目,也即存储器的容量,因此图 6-25 所示二极管 ROM 的存储容量可表示为 4×4。

由于掩模式 ROM 结构非常简单,所以它的集成度可以做得很高,而且一般都是批量生产,价格也相当便宜。

(2)可编程只读存储器(PROM)。PROM 是一种仅可进行一次编程的只读存储器。图 6-26 所示为熔丝型 PROM 存储单元的原理电路图。图中,晶体管发射结相当于接在字线与位线之间的二极管,熔丝用低熔点合金丝或多晶硅导线制成。

图 6-27 所示是一个 16×8 位的 PROM 结构原理图。编程时,首先输入地址码,找出欲改写为 0 的单元,使相应的字线被选中为高电平,再在编程单元的位线上加入编程脉冲,使稳压管 VS 击穿,写入放大器 A_W 输出为低电平、低内阻状态,这样就有较大的脉冲电流流过熔断器,使其快速熔断。当正常工作时,读出放大器 A_R 输出的高电平不足以使 VS 击穿,A_W 不工作。

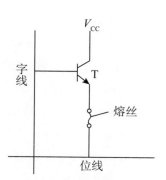

图 6-26　熔丝型 PROM 存储单元的原理电路图

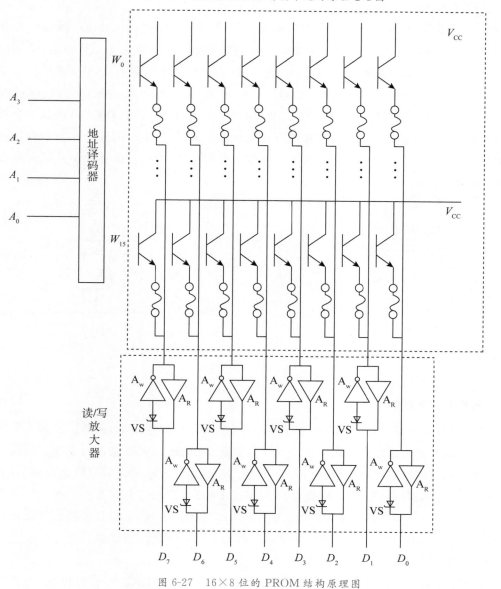

图 6-27　16×8 位的 PROM 结构原理图

（3）可擦除可编程只读存储器（EPROM）。与 PROM 不同，可擦除可编程 ROM（EPROM）中的存储数据是可以擦除、可以重写的。根据 EPROM 数据擦除、写入方式的不同，又分为紫外线可擦除可编程 ROM（UVEPROM）、电可擦除可编程 ROM（E^2PROM）和快闪式存储器（Flash Memory）三种。

快闪式存储器（简称闪存）采用一种单管叠栅结构的存储单元，叠栅 MOS 管的结构如图 6-28 所示。快闪式存储器中的存储单元如图 6-29 所示，它的公共端 V_{SS} 为低电平。在读出状态下，字线给出 5V 的高电平，如果浮栅上没有充电，则 5V 电压使叠栅 MOS 管导通，位线 B_j 上输出低电平；如果浮栅上充有电荷，则 5V 电压不能使叠栅 MOS 管导通，位线 B_j 上输出高电平。

在写入状态下，将需要写入 1 的存储单元中叠栅 MOS 管的漏极，经位线接至一较高的正电压（一般为 6V），V_{SS} 接低电平，同时在控制栅上加一个幅值为 +12V 左右、脉宽约为 $10\mu s$ 的正脉冲，这时叠栅 MOS 管漏—源极之间将发生雪崩击穿，一部分速度快的电子便穿过氧化层到达浮栅，形成浮栅充电电荷。浮栅充电后，漏极正电压消失，这时叠栅 MOS 管的开启电压为 7V 以上，当字线上加上正常的高电平（5V）时，叠栅 MOS 管不会导通，即该单元写入数据 1。闪存的擦除操作利用隧道效应进行，由于闪存芯片内所有的叠栅 MOS 管的源极是连在一起的，所以在进行擦除操作时，片内的全部存储单元同时被擦除，速度较快。

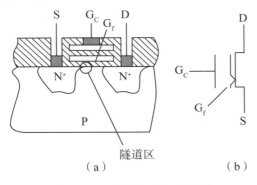

图 6-28　闪存中的叠栅 MOS 管

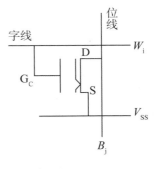

图 6-29　闪存中的存储单元

2. 随机存取存储器

RAM 又称随机读/写存储器，它在工作时，在控制信号的作用下，随时从任何指定地址对应的存储单元中读出数据或向该单元写入数据，它的最大优点是读写方便、快速，最明显的缺点是数据易失，即一旦断电，RAM 中的信息就会丢失。SRAM（静态存储器）和 DRAM（动态存储器）这两类 RAM 的整体结构基本相同，它们的不同点在于存储单元的结构和工作原理有所不同。SRAM 以静态触发器作为存储单元，依靠触发器的自保持功能存储数据，而 DRAM 以 MOS 管栅极电容的电荷存储效应来存储数据。

（1）RAM 的结构

RAM 通常由存储矩阵、地址译码器和读/写控制电路（也称输入/输出电路）三部分组成。电路结构如图 6-30 所示。

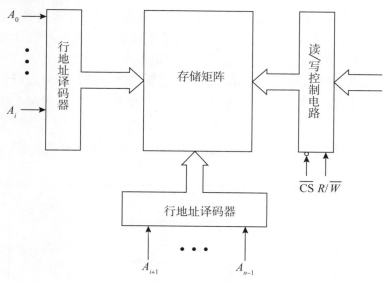

图 6-30   RAM 的电路结构

①存储矩阵。一个 RAM 中有许多个结构相同的存储单元,因这些存储单元排列成矩阵形式,故称作存储矩阵。每个存储单元存储 1 位二进制信息(0 或 1),在地址译码器和读/写控制电路的作用下,将某存储单元中的数据读出或为该单元写入数据。通常存储器中数据的读出或写入是以字为单位进行的,每次操作读出或写入一个字,一个字含有若干个存储单元(若干位数据),每位数据被称为该字的一个位,一个字中所含的位数称为字长。在工程实际中,常以字数乘以字长表示存储器的容量,存储器的容量越大,意味着存储的数据越多。为了区别不同的字,将同一个字的各位数据编成组,并赋予一个序号,称之为该字的地址,每个字都有唯一的地址与之对应,同时每个字的地址反映该字在存储器中的物理位置。地址通常用二进制数或十六进制数表示。

②地址译码器。在 RAM 中,地址的选择是通过地址译码器来实现的。地址译码器通常有字译码器和矩阵译码器两种。在大容量存储器中,通常采用矩阵译码器,这种译码器将地址分为行地址译码器和列地址译码器两部分,行地址译码器对行地址译码,而列地址译码器对列地址译码,行、列地址译码器的输出为存储器的行、列选择线,由它们共同选择欲读/写的存储单元。

③片选和读/写控制电路。每片 RAM 的存储容量极为有限,而在实际应用中通常需要大容量存储器,故工程中解决大容量存储器的方法是用多片 RAM,通过一定的连接方式组成大容量存储系统。在这种情况下,当任一时刻进行读/写操作时,通常只与其中的一片或几片 RAM 交换数据,为此,在 RAM 中设有片选端$\overline{CS}$(低电平有效)。若在某片 RAM 的$\overline{CS}$端加低电平,则该 RAM 被选中,可对其进行读/写,否则该 RAM 不工作,它可与存储系统隔离。

（2）RAM 的存储单元

①静态存储器（SRAM）的存储单元。SRAM 以静态触发器作为存储单元，靠触发器的保持功能存储数据。在电路结构上，SRAM 是在触发器的基础上附加门控管构成。目前，大容量 SRAM 一般都采用 CMOS 器件作为存储单元。

图 6-31 所示为六管 CMOS 存储单元的典型电路，图中，VF_1 和 VF_3、VF_2 和 VF_4 分别是两个 CMOS 反相器，它们首尾交叉连接成基本 RS 触发器，作为 SRAM 的一个存储单元。VF_5、VF_6、VF_7、VF_8 均为门控管，VF_5、VF_6 由行线 X_i 控制，VF_7、VF_8 由列线 Y_j 控制，它们分别控制位线与数据线 D、$\overline{D}$ 的通断，并且 VF_7、VF_8 为该列线上各 CMOS 存储单元所共用。

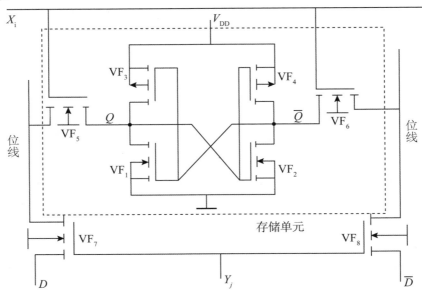

图 6-31　六管 CMOS 存储单元示意图

当地址译码器使 X_i、Y_j 均为高电平时，VF_5、VF_6、VF_7、VF_8 均导通，该单元被选中。在读操作时，存储单元中储存的数据先经位线到达互补数据线 D、$\overline{D}$ 端，然后经过片选和读/写控制电路输送到 I/O 端。读出后，存储单元中的数据不丢失。在写操作时，同样使 $X_i = Y_j = 1$，这时 I/O 端的输入数据经读/写控制电路及位线写入该存储单元。采用六管 CMOS 存储单元的 SRAM 有 6116（2K×8）、6264（8K×8）、62256（32K×8）等芯片。

②动态存储器（DRAM）的存储单元。DRAM 的存储单元是基于 MOS 管栅极电容的电荷存储效应来存储数据的。目前大容量存储器中使用较多的是单管存储单元，其结构简单，有利于提高集成度，但是外围控制电路则比较复杂。下面介绍四管存储单元的结构（见图 6-32）和工作原理。

在图 6-32 中，VF_1、VF_2 是两个增强型 NMOS 管，它们的栅极和漏极相互交叉连接，数据以电荷的形式存储在 C_1 和 C_2 上，而 C_1 和 C_2 上的电压又控制着 VF_1、VF_2 的导通或截止，从而决定存储单元存 0 或存 1。图中，增强型 NMOS 管 VF_5、VF_6 组成对位线的预充电电路,它们为每一列存储单元所共用。

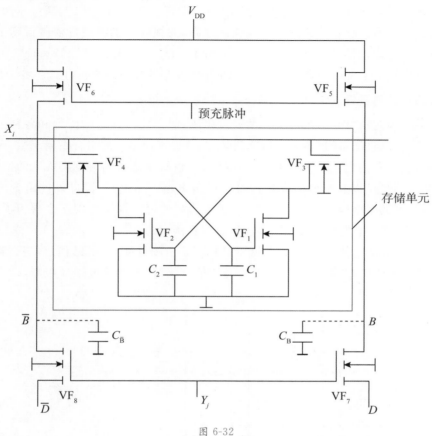

图 6-32

若 C_1 被充电,且 C_1 上的电压大于VF_1 的开启电压,同时 C_2 未被充电,则VF_1 导通、VF_2 截止,因此将 C_1 为高电平(逻辑 1)、C_2 为低电平(逻辑 0)的状态称作存储单元的 0 状态。反之,将 C_1 为低电平(逻辑 0)、C_2 为高电平(逻辑 1),即VF_2 导通、VF_1 截止的状态称作存储单元的 1 状态。

🔍 **想一想**

1. 半导体存储器的主要技术指标包括哪些?

2. 闪存的擦除速度为什么比较快?

6.3.2 可编程逻辑器件

可编程逻辑器件(programmable logic device,PLD)是 20 世纪 80 年代发展起来的具有划时代意义的新型逻辑器件,PLD 是一种用户编程来完成某种逻辑功能的器件。不同种类的 PLD 基本具有与、或两级结构,且具有现场可编程的特点。作为一种理想的设计工具,可编程逻辑器件给数字系统的设计带来了很大方便。使用这类器件,可及时方便地研制出各种所需要的逻辑器件,简化了系统设计,保证了系统的高性能、高可靠性,有效地降低了系统的成本。随着系统的复杂性越来越高,大规模可编程逻辑器件得到了空前发展。复杂可编程逻辑器件(complex programmable logic device,CPLD)和现场可编程逻辑门阵列(filed programmable gate array,FPGA)就是这一类理想器件。

1. 可编程阵列逻辑

可编程阵列逻辑(PAL)由可编程的与逻辑阵列、固定的或逻辑阵列和各种不同的输出结构共三部分组成。通过对与逻辑阵列编程,获得不同形式的组合逻辑函数。另外,在有些 PAL 器件中,输出电路还设置有触发器和由触发器输出到与逻辑阵列的反馈线,利用这些 PAL 器件可以方便地构成各种时序逻辑电路。用 PAL 器件设计组合逻辑电路时,与逻辑阵列的每个输出为一乘积项,或逻辑阵列的每个输出为若干个乘积项之和,即 PAL 器件是用乘积项之和的形式来实现组合逻辑函数的。

图 6-33 所示是一种 PAL 器件的基本结构图。由图可知,在未编程前,与逻辑阵列的所有交叉点上均有熔丝连通,编程时将需要的熔丝保留,不需要的熔丝熔断,即得到所设计的电路。

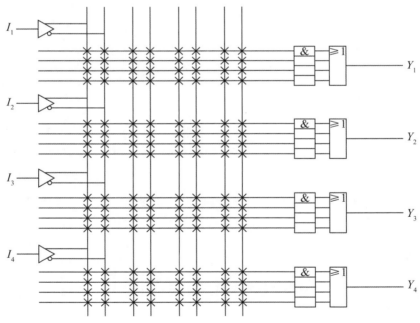

图 6-33　PAL 器件的基本结构

图 6-34 所示是编程后该 PAL 器件的结构图,图中如果输入端 I_1、I_2、I_3、I_4 分别接逻辑变量 A、B、C、D,则该 PAL 电路所实现的逻辑函数为

$$Y_1 = ABC + BCD + ACD + ABD$$

$$Y_2 = \overline{A}\,\overline{B} + \overline{B}\,\overline{C} + \overline{C}\,\overline{D} + \overline{A}\,\overline{D}$$

$$Y_3 = A\overline{B} + \overline{A}B$$

$$Y_4 = AB + \overline{A}\,\overline{B}$$

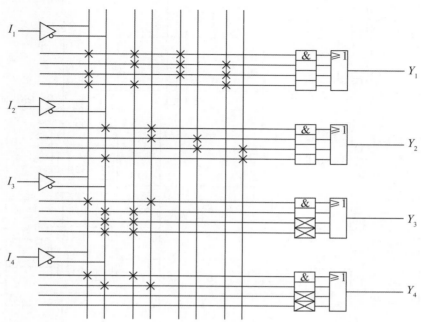

图 6-34   PAL 器件编程后的结构图

目前,常见的 PAL 器件产品中,输入变量最多的达 20 个,与逻辑乘积项最多可达 80 个,或逻辑阵列输出端最多达 10 个,每个或门的输入端最多达 16 个。这样一来,对于绝大多数的组合逻辑函数,PAL 器件都能满足设计要求。

2. 复杂可编程逻辑器件

早期的 CPLD 是从 GAL(通用逻辑阵列)器件的结构发展而来的,但针对 GAL 器件的缺点进行了改进,在流行的 CPLD 中,Altera 公司生产的 MAX7000 系列器件具有一定的典型性。

MAX7000 系列器件的内部结构主要包括五个部分:逻辑阵列块(logic array block,LAB)、宏单元(macrocells)、扩展乘积项(expander product terms,EPT)、可编程连线阵列(programmable interconnect array,PIA)和 I/O 控制块(I/O control blocks,IOC)。另外,在 MAX7000 系列器件的内部结构中还包括全局时钟输入和全局输出使能的控制线,这些控制线在不用时,可作为一般的输入使用。其内部结构如图 6-35 所示。

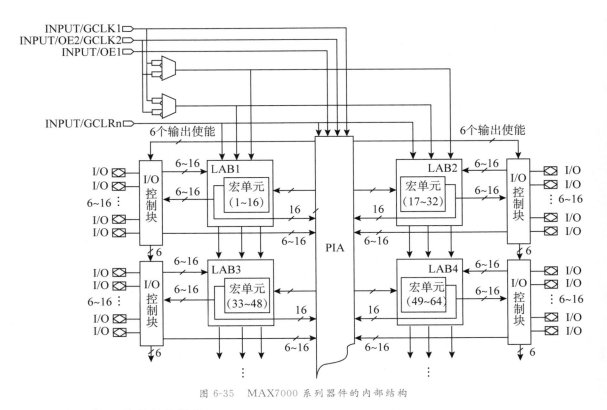

图 6-35   MAX7000 系列器件的内部结构

3.现场可编程逻辑器件

现场可编程门阵列(FPCA)是在 PAL、CAL、CPLD 等可编程器件的基础上进一步发展的产物。它是作为专用集成电路(ASIC)领域中的半定制电路出现的,既弥补了定制电路的不足,又克服了原有可编程器件门电路数有限的缺点。下面以 Altera 公司生产的 FLEX10K 系列为例,介绍 FPCA 的结构。

FLEX10K 主要由嵌入式阵列块(EAB)、逻辑阵列块(LAB)、IO 块和快速互连通道 (fast track)组成,内部结构如图 6-36 所示。在图 6-36 中可以看到,处于行列之间的结构块是嵌入式阵列块 EAB,多个嵌入式阵列块组成了一个嵌入式阵列,这是 FLEX10K 的核心。每一个嵌入式阵列块可以提供 2048 位存储单元,可以用来构造片内 RAM、ROM、FIFO 或双端口 RAM 等功能,同时还可以创建查找表、快速乘法器、状态机、微处理器等。嵌入式阵列块可以单独使用,也可以多个组合起来使用,以提供更强大的功能。

在图 6-36 中,与嵌入式阵列块相间的结构块是逻辑阵列块(LAB),每个逻辑阵列块包含 8 个逻辑单元(logic element,LE)和一些连接线,每个 LE 含有一个四输入查找表、一个可编程触发器、一个进位链和一个级联链。LE 的结构能有效地实现各种逻辑函数。每个 LAB 是一个独立的结构,它具有共同的输入、互连与控制信号。

图 6-36 中,连续的行、列排列的部分是连线资源,称之为快速互连通道,器件内部的连线都可以连接到快速互连通道。

四周的 IOE 是 FLEX10K 器件的输入输出单元。IOE 位于快速互连通道的行和列的末端,每个 IOE 有一个双向 I/O 缓冲器和一个既可以作输入寄存器,也可以作输出寄存器的触发器。IOE 还提供了一些有用的特性,如 JTAG 编程支持、BST 边界扫描支持、三态缓冲和漏极开路输出等。

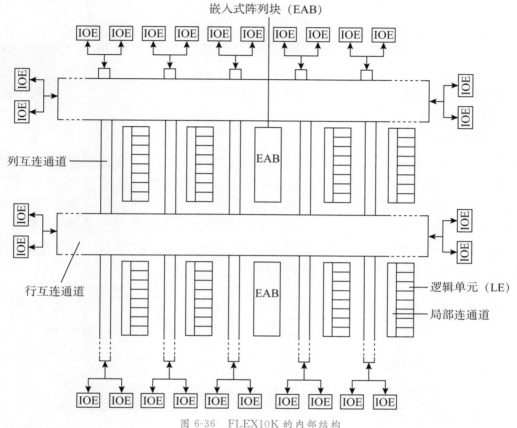

图 6-36　FLEX10K 的内部结构

习　题

1.通过查阅资料,了解 PAL 器件和 GAL 器件在结构上有何异同,两者典型芯片有哪些?

2.通过查阅资料,了解 CPLD 器件和 FPGA 器件在使用上有何异同,主要的生产厂商有哪些?

实训项目 1　多路循环彩灯控制电路的设计与制作

任务 1　移位寄存器 74LS194 工作原理

附图 1-1 所示为 74194 4 位双向通用移位寄存器的逻辑电路图
和逻辑符号。

1. 电路结构

74194 4 位双向通用移位寄存器(741S194、74S194 等)的逻辑电路图如附图 1-1 所示,它由四个下降沿触发的 RS 触发器和四个与或(非)门及缓冲门组成。对外共 16 个引线端子,其中 16 端为电源 V,8 端为地 GND 端子。A、B、C、D(3~6 端子)为并行数据输入端,Q_A、Q_B、Q_C、Q_D(15、14、13、12 端子)为并行输出端,D_L(7 端子)为左移串行数据输入端,D_R(2 端子)为右移串行数据输入端,$\overline{C_r}$(1 端子)为异步清零端,CP(11 端子)为脉冲控制端,S_1、S_0(9、10 端子)为工作方式控制端。

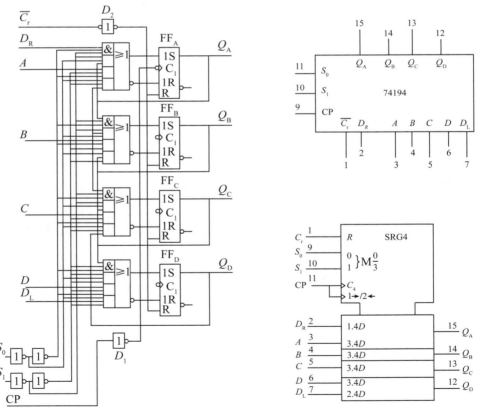

附图 1-1　74194 4 位双向通用移位寄存器

2. 逻辑功能

74194 4 位双向通用移位寄存器主要有以下几种逻辑功能：

(1)异步清零。当 $\overline{C_r}=0$ 时，经缓冲门 D_2 送到各 RS 触发器一个复位信号，使各触发器在该复位信号作用下清零。因为清零工作不需要 CP 脉冲的作用，故称为异步清零。移位寄存器正常工作时，必须保持 $\overline{C_r}=1$（高电平）。

(2)静态保持。当 CP＝0 时，各触发器没有时钟变化沿，因此将保持原来状态。

(3)正常工作时，双向移位寄存器有以下几种功能：

①并行置数。当 $S_1 S_0 = 11$ 时，四个与或(非)门中自上而下的第 3 个与门打开(其他三个与门关闭)，并行输入数据 A、B、C、D 在时钟脉冲上升沿作用下，送入各 RS 触发器中(因为 $R=\overline{S}$，所以 RS 触发器工作于 D 触发器功能)，即各触发器的次态为

$$(Q_A Q_B Q_C Q_D)^{n+1}=ABCD$$

②右移。当 $S_1 S_0 = 01$ 时，四个与或(非)门中自上而下的第 1 个与门打开，右移串行输入数据 D_R 送入 FF_A 触发器，使 $Q_A^{n+1}=D_R$，$Q_B^{n+1}=Q_A^n$，…，在 CP 脉冲上升沿作用下完成右移。

③左移。当 $S_1 S_0 = 10$ 时，四个与或(非)门中自上而下的第 4 个与门打开，左移串行输入数据 D_L 送入 FF_D 触发器，使 $Q_D^{n+1}=D_L$，$Q_C^{n+1}=Q_D^n$，…，在 CP 脉冲上升沿作用下完成左移。

④保持(动态保持)。当 $S_1 S_0 = 00$ 时，四个与或(非)门中自上而下的第 2 个与门打开，各触发器将其输出送回自身输入端，所以，在 CP 脉冲作用下，各触发器仍保持原状态不变。

由以上分析可见，74194 移位寄存器具有清零、静态保持、并行置数、左移、右移和动态保持功能，是功能较为齐全的双向移位寄存器，其逻辑功能归纳于附表 1-1 中。

附表 1-1　74194 4 位双向通用移位寄存器的逻辑功能表

输入												输出				功能
清零	方式控制		时钟	串行输入		并行输入										
$\overline{C_r}$	S_1	S_0	CP	D_L	D_R	A	B	C	D		Q_A^{n+1}	Q_B^{n+1}	Q_C^{n+1}	Q_D^{n+1}	
0	×	×	×	×	×	×	×	×	×		0	0	0	0	清零
1	×	×	0	×	×	×	×	×	×		Q_A^n	Q_B^n	Q_C^n	Q_D^n	保持
1	1	1	↑	×	×	A	B	C	D		A	B	C	D	并行置数
1	1	0	↑	0	×	×	×	×	×		Q_B^n	Q_C^n	Q_D^n	0	左移
1	1	0	↑	1	×	×	×	×	×		Q_B^n	Q_A^n	Q_B^n	Q_C^n	
1	0	1	↑	×	0	×	×	×	×		0	Q_A^n	Q_B^n	Q_C^n	右移
1	0	1	↑	×	1	×	×	×	×		1	Q_A^n	Q_B^n	Q_C^n	
1	0	0	↑	×	×	×	×	×	×		Q_A^n	Q_B^n	Q_C^n	Q_D^n	保持

任务2 循环彩灯控制电路工作原理

　　该电路是通过移位寄存器的左移控制和右移控制来控制灯亮的顺序，设计思路是以移位寄存器74LS194为核心，设计出循环彩灯控制电路。电路原理图如附图1-2所示，这里有三个74LS194，每一个74LS194的输入端$P_0 \sim P_3$端分别接开关$S_2 \sim S_5$，通过开关$S_2 \sim S_5$分别控制输入端$P_0 \sim P_3$接高电平或低电平，每一个74LS194的输出端$Q_0 \sim Q_3$分别接着四个发光二极管显示输出信号是否为高电平或低电平，每一个74LS194的DSR右移输入端分别接相邻的74LS194的Q_3输出端，同时每一个74LS194的DSL左移输入端分别接相邻的74LS194的Q_0输出端，两个移位寄存器控制信号S_0和S_1分别连接开关S_0和S_1，通过开关S_0和S_1控制两位控制信号的状态，开关S接每一个74LS194的MR端作为清零信号。

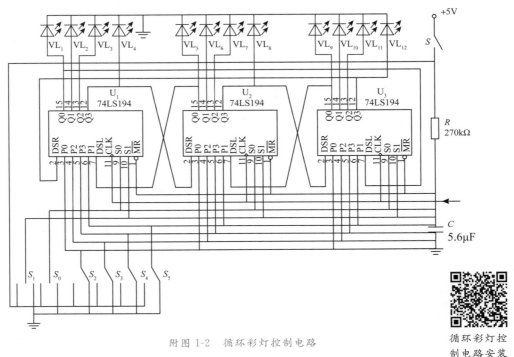

附图1-2　循环彩灯控制电路

任务3 循环彩灯控制电路安装、调试及故障分析

　　了解74LS194的引脚排列，检测器件，按照附图1-2方式连接实物电路，检查电路，确认无误后再接通5V直流电源。

　　记录输入脉冲数，同时记录彩灯的亮灭情况，并将结果填入附表1-2中。

附表 1-2 循环彩灯电路测试表

脉冲 CP 个数	S	$S_1 S_0$	$S_5 S_4 S_3 S_2$	$VL_{12} VL_{11}$ $VL_{10} VL_9$	$VL_8 VL_7$ $VL_6 VL_5$	$VL_4 VL_3$ $VL_2 VL_1$

若电路功能不正常,重新检查电路连接是否正确。由输入到输出逐级检查,必要时可以与同学相互检查,有助于发现问题。

实训项目 2 触摸式防盗报警电路的设计与制作

任务 1 触摸式防盗报警电路的仿真

任务要求

利用 Multisim 软件的虚拟仿真软件平台,根据 555 集成电路构成单稳态触发器电路和多谐振荡器电路的原理,产生单脉冲触发信号和连续震荡信号,使用虚拟示波器等虚拟测量仪器对触摸式防盗报警电路的输出信号进行观察。

任务目标

· 掌握 555 集成电路的功能测试方法和使用方法;
· 掌握虚拟信号发生器和虚拟示波器等测量设备的使用方法;

• 掌握基于 Multisim 软件对触摸式防盗报警电路进行仿真演示。

仿真内容

1.启动 Multisim 14.0,单击电子仿真软件 Multisim 14 基本界面元器件工具条上的 "Place TTL"按钮,从弹出的对话框"Family"栏中选择"74LS",再在"Component"栏中选取输入"∗47",选择其中的"74LS47D(N)",将其放置在电子平台上。

2.单击电子仿真软件 Multisim 14.0 基本界面元器件工具条上的"Place TTL"按钮,从弹出的对话框"Family"栏中选择"74LS",再在"Component"栏中选取输入"∗160",选择其中的"74LS160D(N)",将其放置在电子平台上。

3.单击电子仿真软件 Multisim 14.0 基本界面元器件工具条上的"Place TTL"按钮,从弹出的对话框"Family"栏中选择"74LS",再在"Component"栏中选取输入"∗00",选择其中的"74LS00D(N)",选择其中的 A 单元,使用上述相同的方法再选择一个单元,可以是同一个器件也可以是不同器件。

4.单击电子仿真软件 Multisim 14.0 基本界面元器件工具条上的"Place Indicator"按钮,从弹出的对话框"Family"栏中选择"HEX_DISPLAY",再在"Component"栏中选取输入"∗COM_A",选择其中元件列表中的"SEVEN_SEG_COM_A_YELLOW"的数码显示管,将其放置在电子平台上。

5.单击电子仿真软件 Multisim 14.0 基本界面元器件工具条上的"Place Basic"按钮,从弹出的对话框"Family"栏中选择"SWITCH",再在"Component"栏中选取输入"DIPSW1",将其放置在电子平台上。

6.将所有电子元器件按照信号走向和集成电路的管脚分布进行综合布局,并按附图 2-1 连成仿真电路。

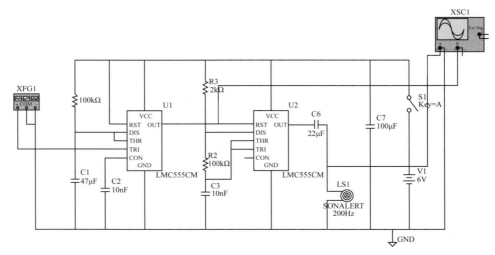

附图 2-1　触摸式防盗报警电路的仿真电路

7.双击虚拟信号源图标,将其中参数改变为如附图 2-2 所示。

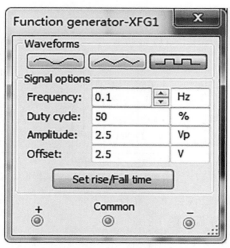

附图 2-2　触摸式防盗报警电路的虚拟信号源参数设置

8. 开启仿真开关,点击开关将其闭合,双击虚拟示波器图标,观察示波器显示波形,通过改变示波器"Timebase"中的"Scale"值和"ChannelA"或者"ChannelB"中的"Scale"值,将显示波形调整到合适状态进行观察。

9. 观察仿真结果,分析仿真结果。

任务 2　触摸式防盗报警电路的设计和装调

任务要求

使用 555 集成电路和相关电子元器件,在理解触摸式防盗报警电路工作原理的基础上,安装并调试触摸式防盗报警电路,最终进行测试和演示。

任务目标

- 进一步理解 555 集成电路构成单稳态触发器、多谐振荡器电路的工作原理;
- 理解触摸式防盗报警电路主要参数的调整方法和原理;
- 掌握触摸式防盗报警电路的装调及故障分析方法。

1. 电路装调

从附图 2-3 所示电路原理图中可以看出这是用 2 个 555 电路组成的报警器电路。第一级为用 555 构成的单稳态电路,第二级为多谐振荡器。当触摸到触片 M 时,A_1 的第 3 脚输出高电平,使得 A_2 振荡,驱动扬声器发出报警声,过一段时间后 A_1 的输出自动回到低电平,A_2 振荡停止,报警声消失。

报警器电路
工作原理

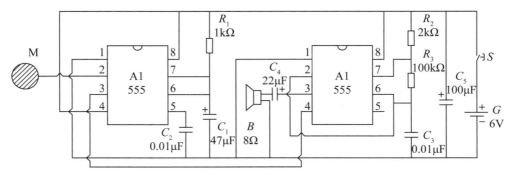

附图 2-3　触摸式防盗报警电路的参考电路图

实验器材下发元件包内包含电子元器件如下：

（1）LM555CM 集成电路芯片两个。

（2）电阻 $2k\Omega \times 1$ 个、$100k\Omega \times 2$ 个。

（3）电容 $47\mu F \times 1$ 个，$22\mu F \times 1$ 个，$100\mu F \times 1$ 个，$0.01\mu F \times 2$ 个。

（4）喇叭 1 个。

（5）开关 1 个。

（6）万用电路板 1 个。

2. 装调与检修

报警器电路的
安装与调试

电路检查无误后接入 6V 电源，用手触摸触片，扬声器会发出声响且 1min 左右后自动停止，则说明电路功能正常。用不同阻值的电阻器更换电路中的 R_1（或用不同容量的电容器更换电路中的 C_1），比较扬声器所发出声响的时间长短变化情况。

用不同阻值的电阻器更换电路中的 R_2、R_3（或用不同容量的电容器更换电路中的 C_3），比较扬声器所发出声响的声调变化情况。

若电路功能不正常，按照以下步骤进行检修：

（1）重新检查电路连接是否正确。由输入到输出逐级检查，必要时可以与同学互换检查，有助于发现问题。

报警器电路调
试及故障分析

（2）通电后用万用表 10V 直流电压挡接在 A_1 的第 3 脚和地之间，在没有用手触摸触片之前，万用表指示应接近 0V；用手触摸触片后，万用表指示应接近电源电压 6V，且过 1min 左右自动降低到 0 刻度附近。若此处不正常，则应检查 A_1 周围元器件的连接，或 A_1 已损坏，更换后重试。

（3）若 A_1 输出正常，将 A_2 第 4 脚与 A_1 第 3 脚之间的连接断开，并将 A_2 第 4 脚直接连接到电源的正极，用示波器观察 A_2 第 3 脚的输出波形，在示波器上应能观测到频率为 70Hz（周期为 1.4ms）左右的矩形波。若无波形或波形参数误差太大，则应检查 A_2 周围元器件的连接，或 A_2 已损坏，更换后重试。

3. 数据测试

在电路工作正常的情况下，使用示波器对电路的关键点进行信号测量，并将测量结果数据记录在以下几个表中。

R_1 电阻值	C_1 电容值	t_W 脉冲宽度

其中 t_W 为 A_1 集成电路芯片中 3 管脚测量得到单个脉冲高电平时间宽度,单位为秒(s)。

R_2 电阻值	R_3 电阻值	C_3 电容值	F_0 振荡频率

其中 F_0 为 A_2 集成电路芯片中 3 管脚在多谐振荡器工作情况下的振荡频率值,单位为赫兹(Hz)。

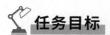 **想一想**

1. 触摸式防盗报警电路的作用原理是什么?
2. 结合书本学到的知识,说说数据采集表中的数据内部所包含的数学关系。
3. 如何用 555 电路设计一个水温报警器?

实训项目 3　随机数显电路的设计与制作

任务 1　随机数显电路的仿真

任务要求

利用 Multisim 软件的虚拟仿真软件平台,利用与非门电路引入正反馈产生振荡,随机触发计数器进行计数,计数值利用 74LS47 进行译码最终在数码显示器上进行显示。

任务目标

- 掌握 74LS47 和共阳极数码管的设置和使用;
- 掌握 74LS160 计数器集成电路的设置和使用方法;
- 掌握利用 74LS00 与非门逻辑模块产生自激振荡脉冲的原理和使用方法。

仿真内容

1. 启动 Multisim 14.0,单击电子仿真软件 Multisim 14.0 基本界面元器件工具条上的"Place TTL"按钮,从弹出的对话框"Family"栏中选择"74LS",再在"Component"栏中选取输入" * 47",选择其中的"74LS47D(N)",将其放置在电子平台上。

芯片 74LS00
工作原理

芯片 74LS47
工作原理

芯片 74LS160
工作原理

2. 单击电子仿真软件 Multisim 14.0 基本界面元器件工具条上的"Place TTL"按钮，从弹出的对话框"Family"栏中选择"74LS"，再在"Component"栏中选取输入"＊160"，选择其中的"74LS160D(N)"，将其放置在电子平台上。

3. 单击电子仿真软件 Multisim 14.0 基本界面元器件工具条上的"Place TTL"按钮，从弹出的对话框"Family"栏中选择"74LS"，再在"Component"栏中选取输入"＊00"，选择其中的"74LS00D(N)"，选择其中的 A 单元，使用上述相同的方法再选择一个单元，可以是同一个器件也可以是不同器件。

4. 单击电子仿真软件 Multisim 14.0 基本界面元器件工具条上的"Place Indicator"按钮，从弹出的对话框"Family"栏中选择"HEX_DISPLAY"，再在"Component"栏中选取输入"＊COM_A"，选择其中元件列表中的"SEVEN_SEG_COM_A_YELLOW"的数码显示管，将其放置在电子平台上。

5. 单击电子仿真软件 Multisim 14.0 基本界面元器件工具条上的"Place Basic"按钮，从弹出的对话框"Family"栏中选择"SWITCH"，再在"Component"栏中选取输入"DIPSW1"，将其放置在电子平台上。

6. 将所有电子元器件按照信号走向和集成电路的管脚分布进行综合布局，并按附图3-1连成仿真电路。

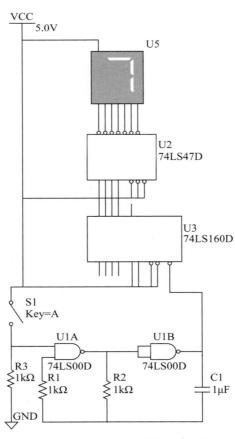

附图 3-1　随机数显电路的仿真电路

7.开启仿真开关,点击键盘 A 键,随机再次按 A 键,数码显示管将随机显示 0～9 数字。

8.学生多次进行测试,并进行分析观察结果。

实训报告

1.画出仿真电路图;

2.分析仿真随机数显电路的工作原理;

3.多次进行测试,记录数码管显示数字并记录。

分析与讨论

1.总结本次仿真实训中遇到的问题及解决方法;

2.通过测试结果统计出现的数字次数,并判断是否随机出现。

任务 2 随机数显电路的设计和装调

任务要求

使用数字集成电路芯片 74LS47、74LS160、74LS00 和相关电子元器件,在理解振荡电路、加法计数器和数显译码电路的工作原理基础上,安装并调试随机数显电路,在实验室实现随机数字的产生,最终进行测试和演示。

任务目标

· 进一步理解十进制加法计数器电路的设置和使用方法;

· 进一步理解二进制码译码显示电路的工作原理和使用方法;

· 掌握随机数显电路的装调及故障分析方法。

1.电路装调

从图 6-37 电路原理图中可以看出随机数显电路主要由振荡电路、加法计数器、七段码译码器等功能电路组成。振荡电路产生连续方波信号,加法计数器利用连续方波信号进行计数,七段码译码电路将计数器产生的数值进行译码,数码显示管将译码结果进行显示。

随机数显电路工作原理图如附图 3-2 所示。

实验器材下发元件包内包含电子元器件如下:

(1)数字集成电路芯片 74LS47×1 个、74LS160×1 个、74LS00×1 个。

(2)电阻 1kΩ×3 个,220Ω×1 个。

(3)电容 1μF×1 个。

七段数码
工作原理

随机数字显示
电路工作原理

(4)共阳七段码数码显示模块 1 个。

(5)开关 1 个。

(6)万用电路板 1 个。

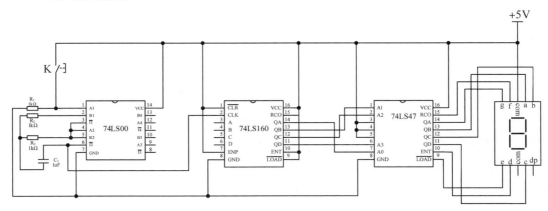

附图 3-2　随机数显电路的参考电路图

2. 装调与检修

电路检查无误后接入 5 V 电源,用手控制开关的通断状态。在闭合开关状态下,数码显示模块中将快速显示所有的数字,在断开开关条件下,数码显示模块将停留在打开开关刹那的显示数字。由于断开开关的时刻是随机的,最终导致显示数字的值是随机的。

随机数字显示
电路的安装

若电路功能不正常,按照以下步骤进行检修:

(1)重新检查电路连接是否正确。由输入到输出逐级检查,必要时可以与同学互换检查,有助于发现问题。

(2)通电后将 74LS47 的 3 号管脚断开原有连接线,并将其短接地,观察数码显示管是否所有段码均显示。该功能用于测试数码显示管中所有的 LED 显示段码,若显示不正常则需检查芯片自身是否设置异常或者数码显示管工作异常。

(3)在第 2 步骤正常的情况下,将 74LS160 的 1 号管脚断开原有连接线,并将其短接地,观察数码显示管是否显示数字为"0"。若显示异常则可检查 74LS47 与 74LS160 之间的连接是否正常或者 74LS160 自身芯片的设置是否正确。

(4)在第 3 步骤正常的情况下,主要查看 74LS00 芯片与 74LS160 芯片之间的连接是否正确或者 74LS00 芯片的供电是否正常。

(5)选择器件时应注意译码器与数码显示管的匹配,包括功率的匹配和逻辑电平的匹配。共阴极的数码管只能采用高电平有效的驱动译码器,共阳极的数码管只能采用低电平有效的驱动译码器。

3. 数据测试

在电路工作正常的情况下,两个学生配合进行测试和数据记录。一位同学随机操作开关的通断状态,另一位同学记录数码显示管显示数值情况,试

随机数字显示
电路的调试
及故障分析

验次数不少于 100 次,将观察到的结果数据记录在附表 3-1 中。

附表 3-1

显示数值	使用"正"字统计出现次数	统计值
0		
1		
2		
3		
4		
5		
6		
7		
8		
9		

想一想

1. 随机数显电路的作用原理是什么?

2. 结合书本讲解的组合逻辑电路知识,说说随机数显电路主要由哪几部分组成。